U0057244

大人的
騎乘學堂
Technic & Technology

TOP RIDER

流行騎士系列叢書

-CONTENTS-

Vol.4

就算轉開油門
後避震也不會下沉？

028

Vol.3

前叉後傾角和拖曳距將決定
前輪的方向性和穩定性？

020

Vol.2

傾斜後輪讓摩托車
開始轉向的後輪轉向原理

012

Vol.1

如何利用車輛的特性
更輕快地過彎？

004

Vol.8

何謂換檔不震動的
極致技巧？

060

Vol.7

退檔必須
配合轉速的理由

052

Vol.6

想要順暢地進行換檔
先從理解複雜的結構開始

044

Vol.5

活用反下蹲角的各種方式

036

Vol.12	Vol.11	Vol.10	Vol.9
何謂重視操控性的煞車制動技巧？	過彎感到困難的原因隱藏在道路設計結構？	噴射引擎車操控油門也需要技巧嗎？	將車輛性能與操控性推到極限的油門作動
092	084	076	068

附錄

大型重機

騎乘道場

Chapter.1
繞錐練習
108

Chapter.2
騎乘姿勢＆加減速
120

Vol.13
活用反下蹲角的各種方式
100

扭

Riding
Technic &
Technology

[騎乘技巧＆科技]

Vol.1
如何利用
車輛的特性
更輕快地
切入過彎？

騎乘時避免妨礙車輛本身的動態可說是騎乘技巧中的基本
話說回來，那也需要先了解「車輛動態」才能開始
就從摩托車的設計科技（Technology）
以及騎乘技巧（Technic）兩個面向
來研究更上手的操控訣竅

側傾軸和重心設定
將會產生出自然的轉向性能

前後車身沿著軸心進行傾斜的動作稱之為側傾,那條中心軸則稱為側傾軸,基本上是以車頭左右晃動支點的下三角台和連接車身重心的虛擬線呈現一個90度的垂直相交的狀態,這樣的狀態就可以輕易地產生出轉向平衡,近幾年的車款大多採用類似這樣的設計,不過其實有條從後輪的接地點貫穿到車輛的重心附近的線,這條線會跟前叉呈現一個90度垂直(圖片中的實線),而這條線多半會變成一條實際的側傾線。總而言之,前述兩者都和大家一般所認知的以前後輪的接地點為支點,並且進行傾斜的方法不太一樣。

Good!

各位是否曾經有過當開始切入進彎的瞬間,卻發現車身沒有隨心所欲地開始傾斜,或是比想像中地內切(轉彎過頭)?假如龍頭或是車身有種沉重感時、或是當車身開始傾斜卻掌握不到輪胎抓地感的話,都會影響騎士操控的信心。

要是無法安心且輕盈地讓車輛傾斜的話,騎乘的魅力將會大打折扣,要想消除這樣的不安就要先瞭解側傾軸的存在,並且在操控摩托車時別妨礙側傾軸的動向才是重點。傾斜,也就是大家

扭動龍頭會將後輪甩出

過彎時扭動龍頭的話，車身傾斜時的中心軸會大幅遠離摩托車本身的側傾軸，這樣的狀況下會造成後輪往外偏離，後輪的抓地力會因此而衰減，進而造成前輪追後輪的效率遲緩，最後就是前輪的抓地力跟著下降，雖然之後車輛的旋回狀態會有所恢復，但是在轉向力重新抓到平衡之前，騎士在傾斜的過程中都會感到不安，所以扭動龍頭不是單純地過不了彎這麼簡單，而是一件會危及行車安全的事情了，所以建議各位過彎時千萬別去轉動車把。

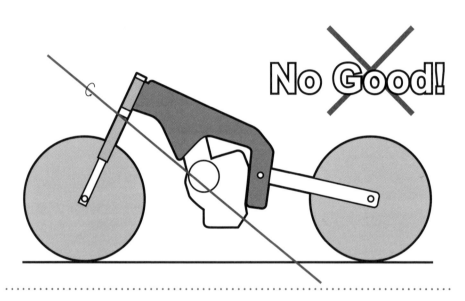

No Good!

所說的壓車切入，其實指的是車輛以一條前後的虛擬軸為軸心進行旋轉、或是傾斜的一種表現方式。這樣講也許不是很容易了解，但只要把這個當作是摩托車過彎時的動態即可。

車輛要傾斜才能轉向，但大多數的一般人都覺得車輛其實是以前後輪的接地點當做支點並且使摩托車傾斜，這樣講基本上沒有錯，不過這種想法跟車身整體的傾斜「中心軸＝側傾軸」的思維有點出入。

側傾軸是車輛的重心，以及車身傾斜時車頭左右轉動的轉向軸前緣部分（前輪跟前又所加起來的車頭總成）這兩者的位置關係所決定而成的

扭動腰部讓車輛傾斜也無法順利過彎

Case 3

意圖用腰部讓車輛傾斜其實是個不良習慣，雖然用腰部去讓車輛傾斜是比過彎時扭動龍頭的動作好一點，但畢竟這個動作還是讓車輛的側傾軸大幅偏離，所以儘管這樣的動作最後還是可以讓車輛傾斜，但是卻無法達到快速傾斜車輛的目的，由於這個動作並沒有以後輪作

為過彎旋回的支撐點，因此反應會比較慢一點，前輪要抓舵角的時機跟對後輪的追從性不僅會顯得不穩定而且也比較遲緩，雖然用腰部過彎並不會讓車輛無法過彎，但由於這樣做會讓車輛的過彎狀況不甚明確，因此也比較難去組合過彎的曲線跟騎乘節奏。

扭

No Good!

不同車款會有
不同的側傾軸設定

車輛傾斜的時候，相對於後輪的旋回行進方向，前輪是否具有確實追隨著後輪一起傾斜的轉向性能（避免轉向不足或是轉向過度）至關重要，側傾軸的設定上對於這點具有相當大的影響，近年來的運動型車款基本上都是採用這樣的優秀設計。

一個設定。實際上側傾軸會從後輪接地點一路貫穿到車身重心附近，並且跟前叉呈現一個90垂直相交的一條虛擬軸線，大多數車輛的側傾軸都是這樣的設定。

007

Case 4

側傾軸會因車款和類別而受到變化

現代的車款，基本上在側傾軸的設定上已經有著優秀且自然的轉向性能。不過還是會因為車種的不同，例如車身重心、側傾軸高度（指車體前側的高度。車身後方側傾軸基本上以後輪接地點為主）而讓整體的設定有所差異。這些都會關係到車輛的轉向反應以及車輛抓舵角的關係。另外配備有 Telelever 懸吊的 BMW 車款在支撐車身前輪可動支點的部分（假如用傳統潛望鏡前叉設計為例，這邊指的是手銬的部位）的高度相當低，所以側傾軸自然也就比較低，而就 Bimota TESI 3D 來說，因為採用了輪轂中心轉向系統，騎乘條件也就跟著變化。

KAWASAKI Z1

BMW R1200R

bimota TESI 3D

另外側傾軸的角度（很多是以高、低的方式來表現）也會因為車輛的車種類別而受到影響。有些人認為只要是側傾軸較低的車款，就可以獲得敏銳的轉向反應……，不過事實上車身形狀、騎士的就座位置、騎乘姿勢所改變的重心距離以及重心是否集中等等都會大大地影響騎乘感的穩定性，所以說不能只靠側傾軸的高低來決定操控性的優劣。

所以說，摩托車本來是一種為了引出自然轉向平衡而打造出來的載具，不過要是騎乘方式阻礙了原本設定的側傾軸作動的話，那麼一

超跑

小型的車身內將引擎各軸採用三角配置來達到極低的重心，也意圖集中整台摩托車的重心，因此側傾軸較低，只要細微的動作（壓車傾斜）就可以獲得快速的轉向反應，整體設計針對彎道性能進行強化。

HONDA CBR1000RR

運動型
無罩街車

車身的轉向點（龍頭）位置較高，引擎的體積較大的關係重心也比較高，側傾軸也顯得較高。所以比起全罩式的超跑，必須多花一點時間才成達到轉向平衡的狀態。

KWASAKI ZRX1200DAEG

美式
巡航車

乘坐位置看起來好像重心比較低，但由於龍頭位置較高，所以前叉的後傾角較大，另外像是哈雷等車款的 V 型引擎重心配置其實比較高，側傾軸也意外地比較高，轉向反應雖然沒那麼靈敏，但是也提供騎士不少騎乘方面的信心。

HARLEY DAVIDSON XL1200V

操駕時放鬆身體
不要施加多餘力量

簡單來說，方法就是騎乘時讓全身放鬆，不要對車身以及握把施加多餘的力量。不過全身放鬆這個老實講也是最困難的部分，所以建議先去瞭解愛車的側傾軸的大致位置。

建議選個寬廣且安全的地方，以大約時速 40 公里左右的車速，專門針對重心移動

定會感覺到像是前輪的不穩定、輪胎抓地力不足或是車體的沉重感。

那麼騎乘時要如何不去妨礙車輛的側傾軸呢？

每次過彎時都要注意
避免妨礙側傾軸

Case 5

　　過彎時想要輕盈且安心地讓車輛傾傾斜切入的話，關鍵在於有意識身體的動作配合側傾軸來移動重心。為了不要去阻礙車身原本優異的側傾軸設定，建議身體不要出多餘的力氣，並且只靠重心移動來將車輛傾斜。不過身體放鬆卻也是騎乘最困難的一點，要想掌握這個技巧，首先要先搞清楚愛車的側傾軸大約在哪個位置，接著是過彎時切勿去轉動龍頭或是用扭動腰部的方式去操控車輛。另外乘坐位置跟上半身的趴低方式也會對車輛有所影響，所以建議還是多嘗試以找出方便輕快過彎的騎乘姿勢。

　　進行輕微的蛇行，當左右傾斜車輛的時候，應該可以感覺到車身傾斜的中心線會從後輪接地點一路往車頭附近的上緣部位。假如這種感覺還是抓不太到的話，建議檢查一下身體有沒有出力，當車輛開始傾斜的時候，車輛都會出現比較鈍重或是比較遲緩的感覺的話，應該就是身體有出力了。另外轉向反應比較敏銳的超跑車等等的車種，原先的操控性就是難以置信地輕盈，不過騎士基本上是跟不上如此敏銳的反應的，而且常常還會下意識地去推車把並且讓車輛操控性變得比較沉重。基本上山路過彎時是不太需要極深的壓車

輕快地左右搖晃就可以感受到側傾軸

建議找著安全又寬廣的地方或是直線道路，然後以大約時速 40 公里的速度輕輕地左右搖晃車身（不過切勿以短間隔的方式來搖晃），這麼一來就可以感覺到側傾軸並且也可以輕易抓到操控感觸。此時假如感覺到車把或是車身有鈍重感覺的話，就是身體違逆車身本來的側傾軸的並且影響到車身的證據。

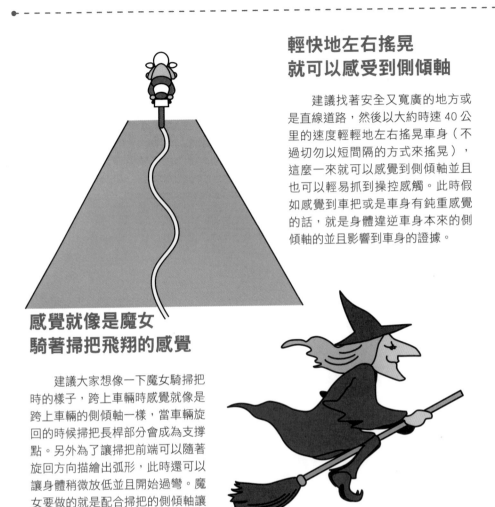

感覺就像是魔女騎著掃把飛翔的感覺

建議大家想像一下魔女騎掃把時的樣子，跨上車輛時感覺就像是跨上車輛的側傾軸一樣，當車輛旋回的時候掃把長桿部分會成為支撐點。另外為了讓掃把前端可以隨著旋回方向描繪出弧形，此時還可以讓身體稍微放低並且開始過彎。魔女要做的就是配合掃把的側傾軸讓身體傾斜而已。

在視野良好的地方進行實驗

稍微能感到側傾軸的存在時，建議車輛傾斜的時候讓身體的重心以配合車輛的軸心移動。一開始找著視野良好的中速彎道試驗，進彎時建議大幅降低車速並且營造出一個無壓力的過彎氛圍。騎乘的時候請一邊感受側傾軸的存在，另一邊則是在乘坐位置以及騎乘姿勢上下工夫，以利車輛完全展現出過彎性能。

傾角，所以假如能將注意力放在身體放鬆的話，那麼就可以比較容易受到側傾軸的存在。

Riding
Technic &
Technology

[騎乘技巧＆科技]

Vol.2

傾斜後輪
讓摩托車
開始轉向的
「後輪轉向原理」

摩托車要「傾斜才能轉向」，
那麼傾斜轉向的原理又是什麼呢？
其實這是一整套「後輪轉向」的轉向構造……
雖然這樣講好像有點讓人摸不著頭緒，
不過對於騎乘技巧來說影響極大！
所以這次我們就來研究
後輪轉向的意義所在吧！

單輪車也是
一旦輪胎傾斜
車身就開始過彎

由於單輪車並沒有配備龍頭,因此一旦輪胎(輪胎跟坐墊連接在一起)傾斜的話,那麼車輛就會開始過彎。基本上摩托車的過彎原理跟單輪車的原理是相同的。

輪胎傾斜才能轉向
這是迴旋的基本原理

説到過彎結構,首先先拋開摩托車是兩個輪子的事實,先以「摩托車只有一個輪子」的方向去思考整套過彎理論會比較簡單。從直行狀態進入過彎狀態後,無論摩托車往哪個方向傾斜車子就會往那個方向轉。像是轉動硬幣也是出現同樣的動作。像這樣車輛進入傾斜狀態後開始描繪弧形並且過彎的動作可説是迴旋的基本動作。然後騎士就能意識到要壓車傾斜時,其實是固定在車身上的「後輪(雖然後輪是固定在搖臂上並且上下擺動)」為主。其實就算此時去扭動龍頭,前輪也幾乎不會傾斜。

摩托車的專用辭彙
後輪轉向是

本刊的騎乘技巧介紹跟試車單元中常常會出現「後輪轉向」這個字眼,直接翻譯的話基本上就是指利用「後輪來操舵」的意思,不過直接這樣解釋的話,搞不清楚真正意思的讀者必然很多。事實上「後輪轉向」這個詞彙是為了要解釋摩托車過彎結構才打造出的語彙。也許不少騎士是從現在才開始瞭解的,我們現在就來探討一下摩托車的過彎結構吧。

只要是摩托車騎士,經驗上來説都會知道「車身傾斜後才會過

前輪會搖擺，摩托車才會過彎

如同前一頁所示，輪胎一旦傾斜就會進入迴旋狀態，不過摩托車卻存在著前後兩個輪胎的問題。事實上假如把前後輪都固定住的話，那麼車輛迴旋的時候，前後輪反而會互相干擾，也就是即便車身傾斜，但是車子還是會繼續直行的一種尷尬狀態。由於這樣的限制，就必須採用前叉讓前輪與車身連結，並且讓前輪追尋著後輪迴旋的方式產生舵角，這樣一來迴旋軌跡就會成為一個同心圓。簡單講，過彎的主角其實是後輪

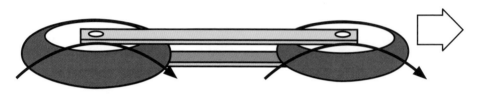

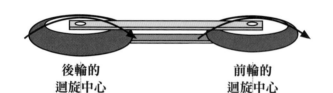

後輪的
迴旋中心

前輪的
迴旋中心

前後輪的迴旋力相互抵銷所以無法轉彎

摩托車的前後輪都固定起來的話會變成甚麼樣子呢？假如真的這麼做的話，當車身傾斜的時候前後輪會描繪出屬於各自的圓弧，看起來車子會迴旋，但事實上前後輪的迴旋軌跡（迴旋的中心點）是互相獨立的，由於前後輪各自的迴旋力道互相阻礙，所以即便車身傾斜，但事實上根本無法轉彎，只會搖搖晃晃地前進

前輪會追隨後輪的傾斜開始轉向

彎」這件事。基本上騎乘時會動手扭動龍頭的時候也只有極低速ㄈ型迴轉的時候或是人力推車的時候才會遇到，那麼為何車身會傾斜呢？

其實車身傾斜是因為「輪胎傾斜」的關係，如同 Case 1 的解說，轉動中的輪胎在傾斜的狀態下，會產生往內側回旋的效果，而這也是輪胎轉向結構的基本原理。

不過由於輪胎擁有前後兩個輪胎的緣故，所以只要車身（＝輪胎）傾斜的話，前後輪

Case 2

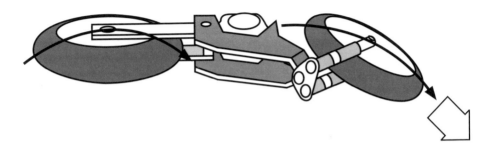

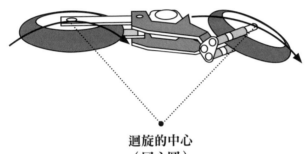

迴旋的中心
（同心圓）

前輪描繪出
後輪的同心圓

一個車身假如是由固定在車身處的後輪以及前叉前緣可以自由搖擺的前輪所構成的話，那麼當車身傾斜的時候（後輪同時也要傾斜），前輪會開始產生舵角來平衡後輪的迴旋方向，這樣前輪的迴旋就可以跟後輪一起合作描繪出一個同心圓出來，也就可以營造出一個順暢的旋轉了。

胎就會各自進行轉動，但假設摩托車的前後輪都是固定在車身上無法轉動的話，這股往內側旋轉的力道會互相抵銷而無法轉彎。所以說摩托車才會採用讓前輪可以自由轉動的設計，這樣一來前後輪才會依循著同樣的軌跡，描繪著同心圓的曲線轉彎。

不過話又說回來，就算各位騎士可以理解以上所說的，「但是摩托車有龍頭，而前輪也有一個「前」，不應該是利用前輪去決定行駛的方向（操舵）的嗎？」會有這樣的感覺其實並不令人感到意外。通常大家很容易把「龍頭」跟操舵放在一起去思考。

前輪會配合後輪的傾斜角度
產生出相應的舵角

為了避免前後輪迴旋頻率互相阻礙干擾，前輪才會採用可以自由左右搖擺的設計，另外前輪也會因為龍頭的前叉後傾角設計，讓前輪可以自然地轉向並追隨後輪一起傾斜（也就是說當車身＝後輪直立的時候，也會因此設定讓車身產生直線穩定性）。當車輛進入實際迴旋動作後，後輪也會因為前輪迴旋的關係受到誘導，不過不管怎麼說，車輛的過彎關鍵還是在於車身傾斜上面，指的就是後輪的「後輪轉向」的操作原理。

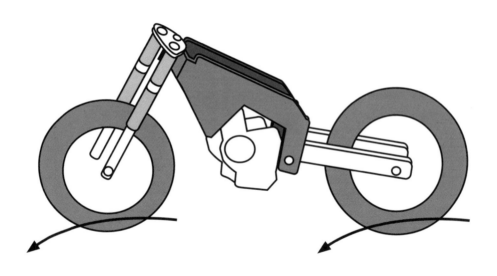

不過請仔細回想看看，基本上沒有騎士會在騎乘的當下切龍頭去操舵前輪的。因為前輪是追尋著後輪的傾斜角度跟迴旋軌跡，所以才能夠營造出自然的舵角。也因為這樣的一個結構，所以決定摩托車過彎的路線主要是由後輪決定的，簡單來講用後輪來操舵的騎乘方式就稱為「後輪轉向」。

後輪才是過彎時
最重要的主軸

經過一番講解後，其實後輪轉向並不是什麼很特別的技巧，其實不用特別刻意就可以用後輪轉向的技巧讓摩托

前輪的過彎軌跡
會比後輪還要大

　　當車輛進入迴旋狀態時，也就是開始過彎的時候，前輪就會開始追尋車身（＝後輪）的傾斜並且開始展開迴旋。由於軸距設定的關係，前輪的迴旋程序比後輪要晚一點，所以前輪的迴旋半徑會比後輪要來得大，重要的是讓身體去習慣這種感覺

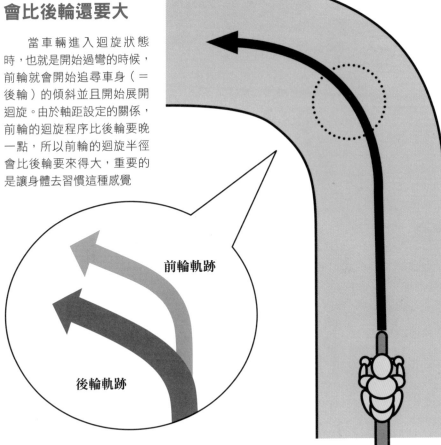

前輪軌跡

後輪軌跡

　　車轉彎了。既然如此，為何後輪轉向這個字眼卻又一而再再而三地出現在各位的眼前呢？

　　其實也是因為過彎的主要是後輪，前輪不過是後輪的追隨者罷了。如同 Case 3 的解說所提到的，彎道中車身傾斜的狀態下，也就是後輪傾斜的時候車子才會過彎，不過前輪的迴旋軌跡要比後輪來得大卻也是不爭的事實。當腦袋理解這整個過彎原理後，再用身體去親自體會自己是否可以熟悉這種感覺，這樣可是會大幅影響騎士在過彎初期的信心。之後再去試試 Case 5 就可以理解到前輪依循著後輪描繪過彎軌跡，以及龍頭自然

後輪只要開始傾斜
龍頭就會跟著自然轉動

Case 4

接下來介紹體驗後輪轉向的實驗方法。首先站在車身正後方並且抓住坐墊（抓住整流罩或是後座握把）讓車身直立，在這樣的狀態下將車輛慢慢地往前推出，並且同時讓車身稍微傾斜，這

樣一來前輪自然會向傾斜的方向擺動。由於大排氣量車款的龐大重量的關係，騎士通常會撐不住重量而發生倒車，建議實驗的時候使用小排氣量車款或是輕型摩托車會比較容易

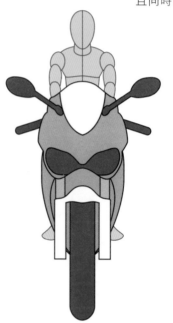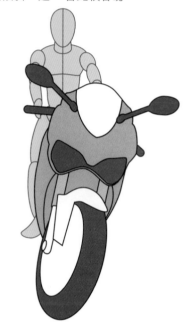

做舵角的過彎結構，還可以理解過去流行騎士雜誌的教學專欄中一再提到的「切勿對龍頭出力」的意義。

另外還有一個重點就是，後輪的傾斜方式會影響過彎力道的強弱和傾斜進行的速度。

「想要在某處施展出強勁過彎力道」的關鍵點其實還是後輪，所以就刻意地使用後輪操作技巧進行過彎的狀態，跟積極使用後輪操作的技巧進行過彎的狀態，實際的騎乘狀態是會產生天差地遠的差別的（不只是快慢的差別，還會影響騎乘的穩定性跟騎士的信心，還有過彎取線的掌控程度）。

018

以後輪接地點為支點
感受側傾軸讓車身傾斜

Case 5

其實無論任何方式，只要讓車身傾斜的話，後輪同時以會傾斜讓摩托車開始進入過彎程序，不過要想高效率地讓後輪傾斜的話，過彎時感受側傾軸移動重心就是一個重要的關鍵。當騎士對龍頭出力的話，就會抑制前輪自動追隨後輪的動作，並且減少車身旋轉的性能，所以過彎的時候請試著忘記前輪的存在，並且想像自己只有騎著後輪的感覺會比較可以營造出高效率的過彎表現

那麼應該怎麼去控制後輪轉向以獲得高效率的後輪傾斜性能呢～事實上很多的過彎技巧都集中在後輪轉向上，所以説要一次説明完是不可能的，總之前一次所提到的「側傾軸」就是一個重點，騎乘時刻意去意識側傾軸，並且過彎時以後輪作為接地點的支點，這樣就是過彎的基本觀念了。

建議各位先試著抓到後輪跟車身融合在一起的感覺，並且用臀部並且經由坐墊去感覺後輪的動態。這樣感受到後輪轉向的感覺後，無論是前輪做舵角方法，或是感覺到抓地力會影響對後輪的掌控，都可以實際感覺得到了。

Riding
Technic &
Technology

[騎乘技巧＆科技]

Vol.3

前叉後傾角和
拖曳距將決定
前輪的方向性和
穩定性

常常可以看到「前叉後傾角／拖曳距」這兩個用詞
但是卻完全不了解到底會帶來甚麼影響……
其實這兩個要素不僅肩負摩托車過彎所必須的功能
配合車輛本身的運動性能跟車款
還可以營造出不同的騎乘感覺！

側傾軸和重心設定
將會產生出自然的轉向性能

摩托車型錄跟性能諸元表中,「前叉後傾角」跟「拖曳距」這兩個單字常常會出現在讀者的眼前,通常「前叉後傾角」跟「拖曳距」會被聯想為表示前叉角度的一個數據,不過事實上這兩個數據指的其實是三角台的龍頭角度。由龍頭本身所延伸出來的所看不見的一條線就成了「轉向中心軸」,這樣說明也是希望大家不要誤會了這兩個數據的意義。另外還有一點也希望各位注意的是,其實轉向中心軸跟前輪接地點其實是錯開的,這兩點間的距離就稱作拖曳距,並且將會對摩托車的操控敏銳性以及穩定性帶來影響。

前叉後傾角
指的是轉向中心軸對著路面傾斜的角度,基本上轉向中心軸指的不是前叉而是龍頭的角度。

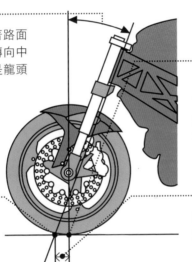

輪胎接地點
從前輪固定點垂直往下一直到接地點的看不見的線,基本上位置會設置在轉向中心軸的後面。

轉向中心軸
前叉三角台的龍頭軸心延伸到路面的看不見的線

拖曳距
輪胎接地點跟轉向中心軸之間的距離,拖曳距帶有「拖行」的意思。

前叉傾斜的角度會影響許多地方

假如您是喜愛運動操駕或是改裝愛車的騎士,那麼相信一定對「前叉後傾角」跟「拖曳距」這兩個用語抱持著興趣,由於這兩個數據也常常可以在車輛型錄中看到,所以對於車身性能來說絕對是個很重要的數據。

前幾話解釋過該如何不妨礙側傾軸的情況下讓車身(=後輪)傾斜,以及前輪是如何產生舵角並使摩托車轉向,不過「前叉後傾角」跟「拖曳距」這兩個素質對於前輪產生舵角的速度、方式,還有前輪的方向性跟穩定性來

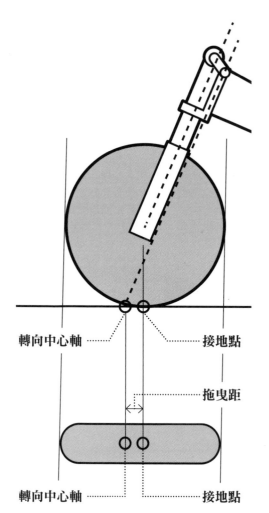

轉向中心軸 .... 接地點

拖曳距

轉向中心軸 .... 接地點

轉向中心軸與接地點的位移量可產生出前輪的方向性跟穩定性

　　我們在上一篇就已經解說當車輛傾斜時，前輪會追著車輛過彎軌跡而自動轉向的機制，這個自動轉向功能其實是藉由將前叉左右旋轉的轉向中心軸向後傾斜所產生的前叉後傾角，使轉向中心軸的接地點和前輪的接地點錯開座落在更前面一點的位置，讓轉向中心軸拖著前輪接地點（指的就是拖曳距），這樣一來就會營造出行駛的方向性跟穩定性。左圖所顯示的就是車身直立的狀態，不過車身一旦傾斜的話，前輪接地點就移向輪胎邊緣移動並稍稍往前，同時一邊拉扯轉向中心軸。

不同的時代有不同的設計方式

　　在過去會有「前叉後傾角角度直立一點，操控性就更加敏銳一些」這樣的說法，不過說，都具有著決定性的影響。

　　最主要的理由在於前叉後傾角所決定的轉向中心軸，會對前輪接地點形成一股拉扯的力量。對於運動型車款來說如何敏捷地反應至關重要，但車身要是少了穩定性，那麼騎起來就會搖搖晃晃，不然就是前輪在轉向初期會突然內切。因此必須要有一點適當的拖曳距來平衡這樣的狀況。

決定重要的拖曳距量的
「位移量」是什麼意思？

位移量通常不會記載在型錄或是性能諸元表上，不過事實上前叉三角台的位移量會大幅影響車輛的操控性，假如位移量減少的話，前叉的配置會變得比較靠近車身，這樣一來拖曳距就會隨之增加，相反的要是位移量增加的話拖曳距就會跟著減少。為了抓到最適合的拖曳距，通常要配合前叉後傾角角度、輪胎尺寸等等數據，另外像是廠車或是某些超跑甚至會配備可調整位移量的前叉三角台。

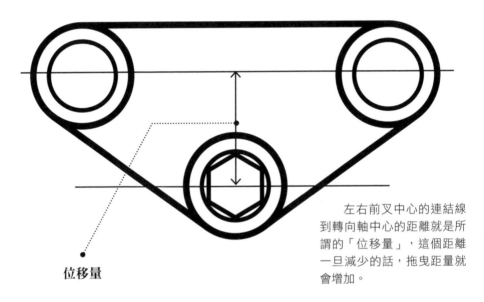

位移量

左右前叉中心的連結線到轉向軸中心的距離就是所謂的「位移量」，這個距離一旦減少的話，拖曳距量就會增加。

事實上市區騎乘的車速其實對於好不好過彎這點幾乎沒有什麼影響，不過隨著車速上升，車輛的慣性力以及前輪的陀螺效應也會跟著提升，穩定性自然也就更進一步提升了，也因為這樣的改變，前叉後傾角的角度越為直立（就數據來說是角度越小），車輛的操控性就會越輕快。這樣的說法基本上是沒有錯的，不過一昧追求輕盈快速的操控性的結果就是出彎穩定性不足，而且前輪容易出現內切的問題。這些都和拖曳距的設定有關係，不過像是拖曳距越長車身越穩定，越短就操控越刁鑽等說法，其實無法一言以敝

1984 GPZ900R Ninja
前叉後傾角：**29 度**　拖曳距：**114 mm**

1972 Z1
前叉後傾角：**26 度**　拖曳距：**90 mm**

OLD

ZRX1200DAEG
前叉後傾角：**24.5 度**　拖曳距：**110 mm**

1994 ZX-9R
前叉後傾角：**24 度**　拖曳距：**97 mm**

Ninja ZX-14R
前叉後傾角：**23 度**　拖曳距：**93 mm**

NEW

Ninja1000
前叉後傾角：**24.5 度**　拖曳距：**102 mm**

之。

前叉後傾角跟拖曳距的數值是會隨著時代的演進而改變，不過除了輪胎尺寸變化帶來的影響之外，車身軸距、搖臂長度跟後避震器下蹲角等車身尺寸跟引擎馬力等等都脫不了關係，例如旗艦巡航車的ZX-14R的前叉後傾角角度就比超跑的10R要來的直立，所以拖曳距也比較短，其實這麼做的用意並不是說要讓ZX-14R的操控性比10R還要來的刁鑽，而是為了讓旗艦巡航車兼顧騎乘樂趣跟超高速時的穩定性的一種設計。

不過話又說回來，通常運動車款的設定都會偏向「前叉後傾角

前輪周遭的設計和配置方式
會隨著時代跟車款產生變化

以 KAWASAKI 的大排氣量運動車系為例，光是前叉後傾角跟拖曳距的變化歷程就相當可觀，Z1 的前輪從 19 英寸進化到 GPZ900R 的 16 英寸，不過拖曳距卻增加了（主要是依靠前叉後傾角跟位移量來進行調整的）。

此外 ZX-9R 之後的所有車款的前輪全都配備 120/70-17 的輪胎，但是也有特別的例子，像是 10R 每次一改款，就會改變前叉後傾角跟拖曳距的設定。此外現行車款的設定量也會隨著車款所備被賦予的個性而進行變化。

Ninja ZX-10R

2004······	前叉後傾角：**24 度**		2006······	前叉後傾角：**24.5 度**
	拖曳距：**102 mm**			拖曳距：**102 mm**
2008······	前叉後傾角：**25.5 度**		2011······	前叉後傾角：**25 度**
	拖曳距：**110 mm**			拖曳距：**107 mm**

角度比較直立的同時也要確保有一定的拖曳距」，所以一般看了性能諸元表的數據大都可以想像車款的性格是什麼樣子，另外跟同種類的車款相比，或是依據試車報告中針對操控性的說明來比較前叉後傾角以及拖曳距的差別其實也蠻有意思。

另外騎乘技巧中的重點在於前叉後傾角以及拖曳距依據騎乘狀態而產生的變化，例如扣動煞車後前叉收縮，造成前叉後傾角直立，進而造成拖曳距減少，這麼一來前輪產生舵角的速度會隨之增加，給人減少車輛穩定的感覺……，不過事實上車輛處於煞車狀態下，前

輪胎的尺寸和形狀
會改變前輪的拖曳距

Case 4

改裝老車的時候一昧地減少前輪的尺寸的話（例如將 19 吋胎改為 17 吋的話），將會面臨拖曳距急遽減少並且大幅提升騎乘難度的狀況。所以說有必要調整前叉的位移量讓拖曳距變成最適合的狀態，另外即便是沒有改造的車款，只要輪胎扁平率一改變，輪胎外徑也會跟著改變，所以一定要記住這些改變對於車身操控性所帶來的影響。

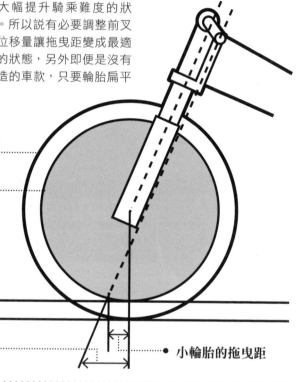

大尺寸輪胎

小尺寸輪胎

大輪胎的拖曳距

小輪胎的拖曳距

輪的接地面壓會隨著增加，反而會讓前輪趨於穩定且不容易晃晃。

然後當釋放煞車的時候，前輪馬上會進入容易產生舵角的狀態，也可以加快車身傾斜的速度迅速切進彎道。

不過要是一口氣把煞車給釋放開來的話，前叉就會用力回彈，這麼一來就會讓前叉後傾角度就會整個後傾，同時拖曳距量也會跟著增加。這樣的激烈變化要是發生在過彎傾斜狀態或是過彎初期的話是會對騎士造成心理壓力的，所以說前煞車釋放時務必要恪守小心釋放的原則才行，另外煞車操控一直以來最重要的一環就是騎乘時切勿

煞車和加速時
拖曳距也會產生變化

前面的解說圖為了讓差異明確一點所以畫的有一點誇張,不過當車輛煞車跟加速時的拖曳距跟前叉後傾角角度會隨之變化,前叉產生舵角的方式跟穩定性也會跟著改變。例如進彎時一口氣釋放所有煞車的話,過彎的瞬間會出現這種變化,所以操駕時需要多加注意,建議還是要小心穩定地釋放為佳。

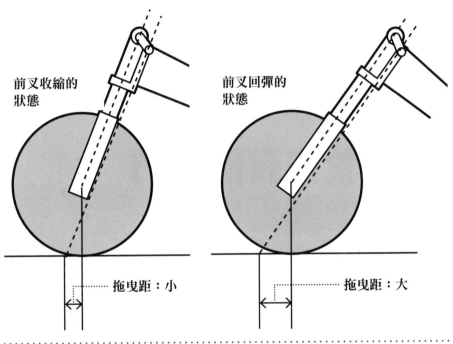

前叉收縮的狀態

拖曳距:小

前叉回彈的狀態

拖曳距:大

對龍頭施加力量,因為這樣會拉扯到轉向中心軸,進而阻礙自主轉向機制的作動。

此外避震器的設定如果可以因應騎乘方式跟速度範圍進行調校的話,就可以調整前叉的下沉跟回彈的方式了,這也代表著這樣的作法可以妥善應用前叉後傾角跟拖曳距所產生的方向性跟穩定性來幫助騎乘了。

建議大家最後還是要去瞭解一下前叉後傾角跟拖曳距的變化對於騎乘方式、車輛設定甚至是改裝的走向到底具有著多麼重大的影響。

Riding Technic & Technology

[騎乘技巧＆科技]

Vol.4
就算轉開油門 後避震也 不會下沉！？

出彎催油加速時，後避震順勢下沉……
大多數的騎士在騎車時視為理所當然的事情，
實際上竟然是個錯覺！？
事實上當後避震下沉時，
反而會因為恐懼而不敢轉開油門！

前叉在轉開油門的時候會回彈

騎士的體重跟車身（簧上重量）的重量會因為加速反作用力而開始往車身後方移動，才讓騎士產生後避震下沉的感覺，不過實際上後避震並不會下沉，而是因為前叉的回彈造成車頭出現「抬升」的動作，實際上騎士乘坐的車架高度是沒有變化的，而這也是造成身體產生後避震下沉錯覺的最大原因，不過一直到 80 年代初期的日本車中，確實有些車子是一催油門後避震就會下沉（下圖的 x 的狀態）。

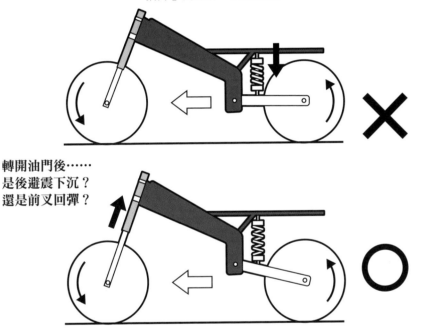

轉開油門後……
是後避震下沉？
還是前叉回彈？

轉開油門的時候後避震不會下沉

「催油門時，後避震到底是下沉還是不會下沉呢？」這是許多車友都會各持己見的問題，也有許多人到現在都還搞不清楚，本章就再來仔細講解一次，本刊在過去其實已經針對車輛的構造跟行車狀態進行了多次解說，相信已經有很多讀者知道案了，我們先就開頭的提問進行解答，答案是「不會下沉」。其實催油門時會讓前叉回彈，連帶提升車頭高度，相對地才會產生後避震下沉的感覺。

不過話又說回來，很多騎士都會有「加速

如果轉開油門
會讓後避震下沉的話……

Case 2

先不管加速反作用力會不會讓後避震收縮，但如果後避震下沉的話，相對地後輪會離開路面失去抓地力。假如這樣的現象發生在出彎的時候，那麼很有可能發生滑胎摔車的事故。再舉一個例子，假設轉開油門後避震會下沉，照邏輯來說，當要翹孤輪的時如果後避震沒有沉底的話，前輪是不會浮舉的。MotoGP 中常常可以看到翹孤輪，但是卻沒有看到後避震沉底後孤輪的場面。

**後避震沉底前
不會翹孤輪**

**後輪浮舉的話
就會打滑！**

時，身體總會覺得後避震是有在下沉的」的感覺，針對這點，我們來談談後避震和其周圍的構造，以及加速時對車輛和騎士所產生的反作用力。

轉開油門加速時，加速反作用力會讓騎士身體開始往後方移動，如果這時沒有去抓住龍頭，並且讓身體任由加速的力道擺佈（就騎乘技巧來說，這樣做也是正確的），如此一來騎士的體重就會透過臀部集中在坐墊上，而且車身的重量（指簧上重量），也就是後避震上端的重量）施加下來，身體確實是會感覺到後避震的彈簧會因為負重的加壓而開始收縮。這種

為什麼會有
車尾下沉的錯覺？

後輪在轉開油門的時候會受到擠壓，嚴格來說這才是「車尾下沉」的主因，但實際上這個下沉幅度很難讓身體察覺，不過臀部會被加速反作用力壓在坐墊上，在這樣的狀況下身體產生車尾下沉的錯覺實屬正常。另外

再加上避震器基本上只會因為受到荷重才會開始收縮，也助長了騎士覺得車尾下沉的錯覺，這種感覺和後避震作動時出現的反應不同，其實是抓地力和循跡力作動時的感覺，所以沒什麼太大的問題。

利用負重讓後輪變形

因加速反作用力的關係臀部沉進坐墊裡

Column

「後避震」和「後輪懸吊」
其實是不一樣的東西！？

事實上「後避震」跟「後輪懸吊」的差別沒有那麼明顯，一般提到的「Rear Suspension」指的是後輪懸吊，也就是指避震器本體以及搖臂，例如下圖的避震器就是 CBR600RR 的 Unit Pro Link 避震總成。相較之下「後避震」大多單指擁有彈簧跟阻尼的避震器本體，稍微歸納一下兩者的差異後應該可以比較瞭解避震器總成的作動原理。

後輪懸吊

後避震

後避震下沉的話
會產生很多問題

不過事實上如果車在。

是有這樣作動的車款存年代初期的日本車中也這的確也沒錯。1980後避震收縮下沉……。量，就結果而言也就是將搖臂往上方拉扯的力的狀態下，自然會產生後輪）轉動，在這樣扯鏈條驅動後齒盤（＝升後，前齒盤會開始拉當油門打開引擎轉速上為最常見的設計，不過心，並且讓其上下擺動常是以搖臂鎖點為中再加上後輪懸吊通沒有什麼問題。感覺和思考邏輯其實並

構造設計上在轉開油門時
後輪會往下踩

只要有一定的驅動力，當油門開啟的瞬間，前齒盤就會以強大的扭力去拉扯鏈條，產生一股往車身前方拉扯的力道，這樣一來搖臂就會以鎖點處作為支點開始彎曲，根據搖臂鎖點的位置設計不同，而會改變晃動的方向，近年來的運動車款都會採用讓搖臂往下的設計，始後輪能夠緊緊咬住路面。

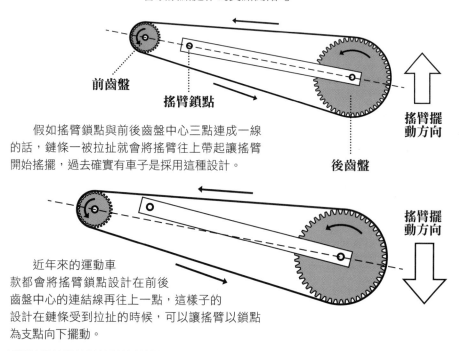

前齒盤

搖臂鎖點

搖臂擺動方向

假如搖臂鎖點與前後齒盤中心三點連成一線的話，鏈條一被拉扯就會將搖臂往上帶起讓搖臂開始搖擺，過去確實有車子是採用這種設計。

後齒盤

搖臂擺動方向

近年來的運動車款都會將搖臂鎖點設計在前後齒盤中心的連結線再往上一點，這樣子的設計在鏈條受到拉扯的時候，可以讓搖臂以鎖點為支點向下擺動。

反下蹲角的設計就這樣產生了

另外假如後避震會因為前叉的回彈而隨之下沉的話，那麼車身動態就會變得極端抬頭，前一話講到的前懸吊設

尾在轉開油門時會下沉的話可是會衍生出很多問題，特別是搖臂在鏈條受到拉扯時上抬連帶讓後避震收縮的話，就等同於讓輪胎飄離路面，在出彎時轉開油門就有很大的可能性會滑胎摔車，這樣一來車身直立之前，就只能緩慢小心翼翼地轉開油門，無法大手油門激發出循跡力，進而發揮強勁的過彎性能。

三點的組成的結構至關重要

為了在催油門時不會讓後輪發生下沉的問題（也就是後輪不產生下蹲效應＝反下蹲），那麼前、後齒盤的軸心和搖臂鎖點這三點的配置就顯得相當重要了，這三點連結起來就稱為「反下蹲角設計」

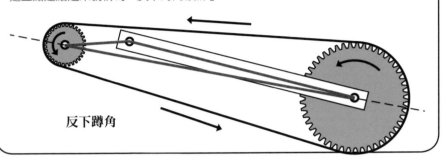

反下蹲角

「下蹲」跟「浮舉」是什麼意思？

其實這兩個字義很容易讓人混亂，其實指的就是指搖臂和車身的動作，當搖臂往上方擺動的時候，車身尾部就會下沉，這指的就是「下蹲」。相反的當搖臂往下方搖擺時，實際上後輪其實正抵著路面往上頂，而車身尾部就會往上，指的就是「浮舉」。

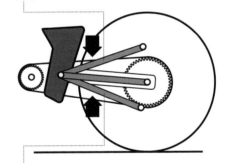

下蹲　搖臂往上擺動時，車身尾部下沉

浮舉　搖臂往下擺動時，車身尾部上抬

計角度（前叉後傾角等）將遭受大幅度的變化，而且也一定會對車輛的操控性帶來不良影響，車子這樣一來將會失去過彎能力。

要想解決這樣的問題就必須仰賴「反下蹲角」設計，方法就是將搖臂鎖點設置在前齒盤跟後齒盤的軸心連結線再高一點的位置，這樣一來當鏈條受到前齒盤拉扯的時候，搖臂就可以往下移動。

「假如是這樣的話，那催油的時候，車尾就會翹起來嘍？」不過其實這是錯誤的觀念。因為當搖臂因為反下蹲角的關係向下移動的話，（下垂角度增加，讓輪胎擠壓地面的

Case 5

負重跟車身浮舉的力量
會使車身狀態獲得平衡

當油門打開時，車身尾部會因為反下蹲角的設計而產生浮舉的力量，不過車身加速時，加載在座位上的負重也會隨之增加，這兩股力量最終會獲得平衡，可避免摩托車尾部產生大幅度的抬升或下沉，才能穩定的過彎。

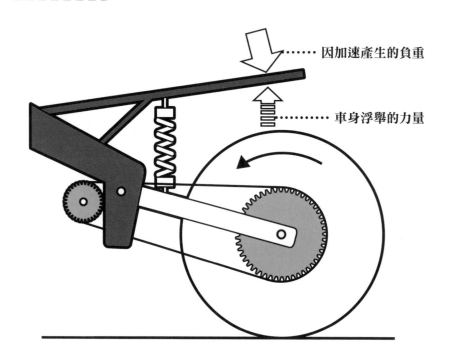

因加速產生的負重

車身浮舉的力量

方向），相對的車身尾部會往上抬升，但是加上包含騎士在內，所有加在「簧上重量」受到加速反作用力的關係，進而讓避震器本體受到壓縮（如果摩托車正在回旋的話，那麼縱向的旋回反作用力也會進一步對避震器加壓）。這個負重和車尾上升的動作最後會取得平衡，催油加速的時候，車身尾部的高度也就不會產生大幅度的變化。簡單來說，過彎後半段的階段，也就是出彎的時候，這樣的設計能讓輪胎受到擠壓，增加接觸地面的面積，藉以提升抓地力，也幫助車子更容易過彎，讓騎士催油門時更有信心。

藉由大手油門來活用
後懸吊反下蹲角設計

Case ⑥

假如反過來講，當不敢打開油門時（或是含住油門時），搖臂就無法產生讓後輪緊咬路面的力量，簡單來說，後輪的循跡力就會比較

薄弱。所以說有妥善設計後懸吊反下蹲角的車輛在出彎時大手油門可以獲得比較強的過彎能力。

**大幅度
轉開油門**　油門一催下去就增加引擎扭力，讓搖臂把後輪緊緊地往路面推擠

**確實發揮
循跡力**　加速時負重跟反下蹲角的效果會增加後輪的循跡力，可以強勁穩定地過彎

反下蹲角的設計
對於操控影響極深

總結來說，後輪懸吊的反下蹲角設計對於大手油門以及安全過彎來說至關重要，如果沒有反下蹲角的設計，騎士無法在出彎時大手油門過彎，也沒辦法施展關閉油門進彎的技巧，對於現代摩托車的操控來說，反下蹲角的設計可以說是一切的起源，不過騎乘方式跟避震器的設定有時也會讓反下蹲角的效果無法獲得完全的發揮，有關這方面的問題我們在下一期再來好好研究。

035

Riding Technic & Technology

[騎乘技巧＆科技]

Vol.5
活用反下蹲角的
各種方式

雖然現在大家對於反下蹲角稍微有些瞭解，
但是這跟騎乘有什麼關係嗎？
會有這種疑問是很正常的！
接下來我們就隨著近代超跑的發展過程
一起來研究如何活用反下蹲角設計的方法吧！

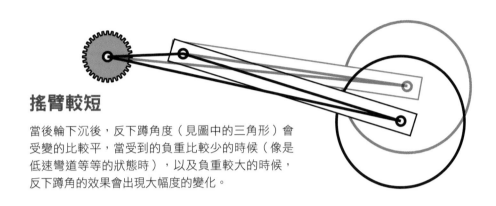

搖臂較短

當後輪下沉後，反下蹲角度（見圖中的三角形）會受變的比較平，當受到的負重比較少的時候（像是低速彎道等等的狀態時），以及負重較大的時候，反下蹲角的效果會出現大幅度的變化。

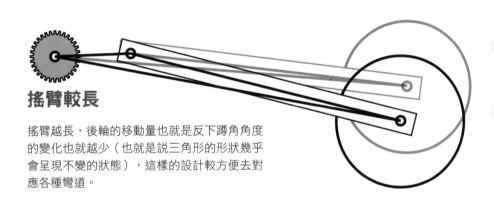

搖臂較長

搖臂越長，後輪的移動量也就是反下蹲角角度的變化也就越少（也就是說三角形的形狀幾乎會呈現不變的狀態），這樣的設計較方便去對應各種彎道。

摩托車的搖臂越做越長

在上一回，我們針對後避震器是不會因為催油的動作而下沉的「反下蹲角」進行了一番解說，解開了許多讀者潛藏在心中已久的誤解，所以在這一期的解說中，我們將針對反下蹲角跟摩托車的發展過程中產生的關聯、還有活用反下蹲角的騎乘方式以及摩托車的設定方式等等進行研究。

首先做前情提要，油門打開後，會產生一股一邊讓車身後方抬升，一邊將後輪緊緊地往路面擠壓的力量，這股力量的來源主要是前齒盤、後齒盤以及搖臂

1972 Z1

搖臂長度 490 mm

軸距 1490 mm

2013 ZX-10R

搖臂長度 580 mm

軸距 1425 mm

隨著時代演進 搖臂也會跟著 慢慢變長 ！？

　　仔細觀察前一頁的圖，搖臂長度要是偏短的話，可以看出前齒盤、後齒盤以及搖臂鎖點三點所建構出的三角形形狀就會產生劇烈變化，隨著動力提升，輪胎抓地力也會上升，現代的運動車款的過彎速度就跟著增加了，於是將搖臂拉長後來抑制反下蹲角的效果變化，但是軸距拉長又會增加過彎難度，所以最後就只能縮短引擎前後長度。

　　鎖點三點的位置關係所形成的反下蹲角。然後在摩托車在彎道中處於傾斜的狀態下，迴旋時的反作用力加上出彎時的加速反作用力會讓後避震收縮。只要「抬升的力量」跟「負重」達到平衡，就能夠打造出穩定過彎的行車狀態，產生出令人安心的抓地力，也才得利銳利地衝出彎道。

　　前述的構造基本上從 1980 年代中期開始採用於跑車上，當然現在的引擎馬力跟輪胎抓地力可是比當時高了不少，也因為這樣的發展，也才讓搖臂的設計一直在進化，各位知道其實現在的車子的搖臂越做越長了嗎？

過彎速度不同
負重的強度也會隨之變化

補充説明 Case 1，隨著彎道曲率以及速度的增加，加諸在後避震上的負重也會跟著變化，當然，攻略彎道的速度越快，後避震的收縮量也越大。在這種狀況下，如果後輪的下沉量一樣的話（假設搖臂鎖點也在同樣的高度），搖臂越短，返下蹲角的角度就會變化也越大（車身狀態改變，操控性也會跟著改變）。結果就變成不同的彎道和速度都需要改變騎乘方式來應對。

— **Column** —

可變更搖臂下垂角的
最新款超跑

假如搖臂垂角可以改變的話就可以因應各種路況跟騎士的喜好，一般來説使用後避震器上的車輛高度調整設計就可以改變搖臂垂角，不過車身姿勢（騎士乘車時的高度跟前叉後傾角）也會跟著改變，有鑒於這樣的問題，有些超跑車是可以改變搖臂鎖點的高度的。

車架的搖臂鎖點為卡拴式設計，改變上下鎖點就可以改變搖臂鎖點的高度

高速彎道

加速・迴旋反作用力

低速彎道

加速・迴旋反作用力

搖臂越長
反下蹲角的變化小

隨著動力性能抓地力的提升，彎道速度也隨之上升，這樣的發展讓高速彎道時的迴旋反作用力跟加速反作用力都跟著增加，當然也就增加了使後避震收縮的負重，要想平衡這股負重的話其實調整反下蹲角就可以了，但是這麼一來當攻略負重較輕的低速彎道時，反下蹲角的效果就會發生大幅度的變化，結果就必須依照彎道來改變騎乘方式，在比賽上當然是沒關係，畢竟車手的目標就是用著不同的方式攻略不同的彎道達到最佳成績，可是對於市售車

預載的設定不同 也會影響反下蹲角

Case 3

反下蹲角的設計是在加速時平衡負重跟車輛的抬升力量，不過後避震器的預載要是不正確的話，反下蹲角的功能可能會失效，這麼一來車身姿勢的設定會整個改變，將摩托車往前推出的力量也會因為後輪循跡力而改變方向，甚至還會影響到操控性，所以避震器預載的調整相當重要。

彈簧預載 適當

反下蹲角的組成是由前齒盤、後齒盤跟搖臂鎖點共三點所構成，這樣的構造可以在催油時將車身向前推出，不僅會產生有效的循跡力，操控感也比較自然。

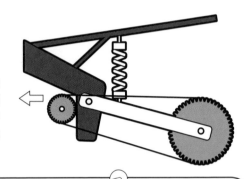

下列情況 必須調整預載！

單人騎乘 或雙載騎乘？

雙載騎乘時負重明顯增加，建議預載要加強，單人騎乘時假如載的行李比較多的話也同樣需要調整。

來説，這樣只會增加一般騎士的操駕難度，也會令人感到不安，無法安心地享受操駕樂趣。

要解決這樣的問題，增加搖臂長度就是最佳方式，越長的搖臂在上下擺動時反下蹲角的角度變化較少，這樣設計的優點就是可以大幅度的避免行車狀態以及車身配置出現不必要的變化，而且還可以提升操控性跟循跡性能。

但其實這帖藥也不是萬靈丹，因為還有「預載」這個問題要注意。其實嚴格來說，後避震器反蹲角的效果還會受到前叉彈簧預載的影響，不過我們這次就只針對後避震器進行解説。

彈簧預載
不足

彈簧預載不足的話，後避震器反蹲角角度就會拉平，這樣一來搖臂鎖點就會對車身前側加多餘的力量，讓車輛陷入嚴重的轉向不足，出彎時的行車取線有外拋的危險。

彈簧預載
過多

搖臂垂角角度過多雖然可以讓循跡力更為清晰，但是催油時，搖臂鎖點會瞬間拉抬車身重心，造成重心後移並且降低前輪接地感，損及安定性。

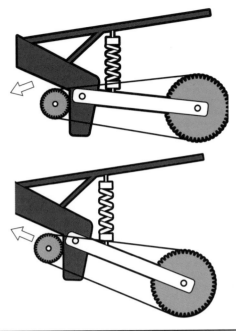

Column

騎乘的速度

賽道操駕和 RV 休閒的騎士在騎乘時的車速跟油門操控方式本來就不一樣，所以後避震的負重也會有所變化，所以需要依照騎乘場合來調整。

體型魁梧或嬌小

騎士的體重確實也會有所影響，車廠建議的彈簧預載值通常是標準體重 65～70 kg，假如不是這個體重範圍的話，建議要進行調整。

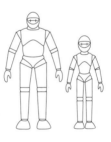

預載的設定會影響
反下蹲角的效果

彈簧預載是個用來決定後避震器作動行程範圍的調整裝置，雖然調整時是不會改變彈簧的硬度的（回彈力道），不過當騎士跨上車子並且將體重承載於車輛上時，彈簧預載的調整還會改變後避震器的下沉量，假如大約是 65～70 公斤的標準體重的話，那麼基本上騎乘時是不會有什麼問題的，不過要是重量高於或是低於這個範圍的話，再加上彈簧預載也位於標準位置的話，搖臂的下垂角設定不僅會受到變化，反下蹲角的效果也會產生變化（像是行車

鏈條過緊
會妨礙搖臂擺動

　　除了鏈條太過下垂之外，也要避免「鏈條過緊」，因為軸距會隨著搖臂往上擺動而拉長，所以要是鏈條過緊的話是會妨礙搖臂的擺動（最糟糕的狀況就是行車時後輪無法伏貼於路面，最後打滑轉倒），特別是反下蹲角角度較大的摩托車，軸距的變化也會很大，這點要特別注意！

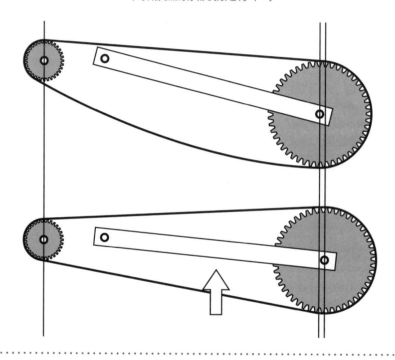

動態跟車身配置等）。
搖臂鎖點將車身推擠出去的方向不對的話可能會破壞操控性，所以彈簧的調整就顯得很重要了。

　　雖然賽道騎乘跟一般路道騎乘的節奏也不一樣，但對於兩者來中共通的重點是「操控油門的方式」，例如過彎時假如是慢慢地彷彿探索般地轉開油門，那麼不僅無法活用反下蹲角的效果，也難以發揮強大的循跡力，更別說想要大手油門銳利地出彎擺正了，所以說跟速度無關，最重要的是要確實地開啟或關閉油門，而不要只是含著油門，維持不加速也不減速的狀態。

軸傳動車款在加速時後輪反而會浮舉！？

Case **5**

軸傳動車款跟鏈條傳動車款構造剛好相反，後輪在轉開油門時上抬的特性，主要是因為軸傳動的旋轉會驅動位於後輪的最後一個齒輪的關係，因此近年來軸傳動車款大都會設計一個與搖臂平行的連桿，以抑制催油時的扭力反應。

BMW 的「Paralever」系統，可以看到搖臂上方的拉桿和差速器外殼也設有鎖點，與車架及後輪軸之間形成一個平行四邊形，能有效抑制因扭力而產生的後輪抬升現象

仔細尋找最適當的設定

此外，假如預載設定的不正確的話（例如預載轉過頭的狀態），會減弱後輪抓地力讓人不安，這樣的惡性循環很容易讓人開始去慢慢催油門，所以說調整預載設定這點相當重要。

另外反下蹲角是遵照出彎時負重加載於後輪為前提進行設計，假如騎乘的時候身體產生不必要的力量，那麼體重就無法妥善承載於車上，過彎性能自然也就無法完全發揮了，這點請務必謹記於心。

Riding
Technic &
Technology

[騎乘技巧＆科技]

Vol.6
想要順暢地
進行換檔
先從理解
複雜的結構開始

一邊壓車過彎一邊進檔
雖然說只要不產生頓挫就算是合格了
但是在運動操駕時，換檔就令人感到困難了
接下來先來了解一下摩托車的驅動構造吧！

摩托車獨一無二的驅動結構

引擎（曲軸）以高轉速運作時所產生的扭力，無法順利推動摩托車跟騎士的重量，因此為了產生大量扭力，摩托車在驅動系統上設計了幾個變速機構。就整個結構來講，曲軸到變速箱屬於一次減速，然後讓變速箱調整到最適合當前行駛速度的轉速，接下來前齒盤跟後齒盤之間就屬於二次減速，並且帶動後輪旋轉，有關這個部分的詳細構造以及驅動力傳達的過程，後面的頁面會介紹到。

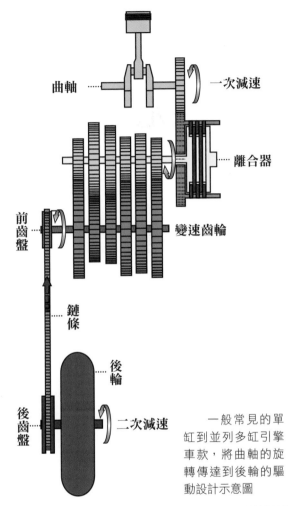

曲軸 …… 一次減速

離合器

前齒盤 …… 變速齒輪

鏈條

後輪

二次減速

後齒盤

一般常見的單缸到並列多缸引擎車款，將曲軸的旋轉傳達到後輪的驅動設計示意圖

先了解驅動原理提升技巧的第一步

只要是騎摩托車，換檔次數從一天幾十次，甚至到幾百次的都有，市區中騎乘時倒是沒有別感覺哪裏困難，不過想要運動操駕的時候，卻有可能在進檔時循跡力中斷、或是退檔時後輪鎖死和彈跳，令人突然地感到困難。

本誌在騎乘教學專欄中，曾經提出「換檔時只要切開一丁點離合器」以及「迅速敏捷地操作」等與換檔有關的訣竅。但是話又說回來，大部分的騎士還是會有「慢慢操作時的頓挫較少，不是應該也比較不會傷引擎嗎？」的

慢吞吞地操作竟然會傷害離合器！？

離合器外套設有摩擦片，和花鍵套上的離合器片互相咬合，另外再利用彈簧的力量對離合器壓版加壓，形成一個緊實的構造。半離合的騎乘技巧其實就是讓各個離合器片之間產生縫隙，讓離合器片快速滑動，但其實是種最容易磨耗離合器片。所以放慢操作意圖減低換檔震動的方式，不僅會增加半離合的時間，還會降低離合器的壽命。

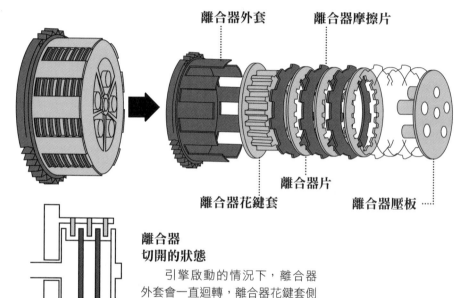

離合器外套　　　**離合器摩擦片**

離合器片

離合器花鍵套　　　**離合器壓板**

**離合器
切開的狀態**

引擎啟動的情況下，離合器外套會一直迴轉，離合器花鍵套側則會因為齒輪的狀態或騎乘／停車時，停止或是繼續迴轉。

想法，就算沒有這種觀念，「操作該多快比較好？」、「退檔時的補油要多少比較好？」等等的疑問可是從來也沒有少過。要想徹底解決這些疑問，那麼先了解整個摩托車驅動系統的構造乃是上上之策。

這次我們就來介紹驅動系統的整體，並解說離合器跟傳動箱的構造，詳細內容請看下面的各個項目，不過老實說驅動系統的構造本來就沒那麼好理解。

考量到解說的複雜度，我們先以引擎轉速（曲軸）的傳達流程為開端進行一個概略的介紹，曲軸本身是以高速來進行迴轉（轉速錶上顯示的轉速就是曲軸每

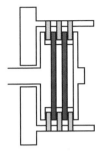

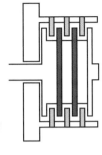

離合器
完全咬合

外套和花鍵套因為離合器彈簧的關係完全緊貼，將引擎（曲軸）的旋轉直接傳導到變速箱的狀態。

半離合器的
狀態

讓離合器板跟摩擦板相互滑動摩擦的同時，把外套旋轉的動力傳達到花鍵套側，半離合是最容易減少離合器壽命的操控技巧。

Column

光看型錄就能計算出摩托車的最高時速

通常摩托車的型錄上都會記載齒輪的一次減速比跟二次減速比，另外找出後輪的外周長（可以藉由實際測量或是直接用輪胎外徑來計算），並且搭配引擎轉速以及每一檔齒輪狀況，就可以計算出車速。所以引擎的最高轉速跟最高檔位一起進行計算的話就可以知道車輛的最高時速（基本上計算出來的結果是無視限速器，而且事實上實際行駛的時候，輪胎轉動時產生的摩擦力跟空氣阻力也會有影響，即便騎乘的是平坦路面，但實際車速會比計算出來的時速少個10%～20%）。藉著這樣的方式可以更進一步了解愛車的性能跟特性。

齒輪比

一次減速比 1.615	一檔：2.733 二檔：1.947 三檔：1.590	四檔：1.333 五檔：1.153 六檔：1.053	二次減速比 2.444

範例：四檔 5000 轉時的車速
5000÷1.1615÷1.333÷2.444=950(後輪轉速)
950×1.988(後輪外徑 m)×60÷1000=113km/h

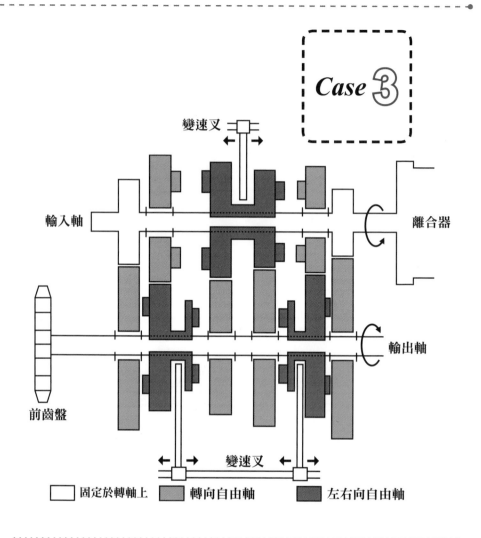

Case ③

變速叉

輸入軸　　　　　　　　　　　　　　　　　離合器

輸出軸

前齒盤

變速叉

☐ 固定於轉軸上　　■ 轉向自由軸　　■ 左右向自由軸

分鐘的旋轉次數），假設這個轉速直接套用在後輪的話，那麼會具有猛烈且無法控制的速度。另外因為引擎轉速高，沒辦法發揮出足以推動摩托車和騎士重量的動力（扭力）。因此這個時候就需要變速齒輪，配合後輪的速度使用最恰當的引擎轉速，同時還要產生出必要的扭力。當然曲軸跟變速箱的輸入軸跟輸出軸，以及後輪的迴轉軸，這些所有會迴轉的零件的轉速都不同。

如果可以理解的，首先想一下離合器的構造，離合器外套介於曲軸和變速齒輪之間，並且將引擎的轉速以等比例進行常時旋轉，但是

048

「常時咬合式」
是什麼樣的變速箱？？

　　就如同字面意義，「常時咬合式變速箱」就是齒輪會常常咬合在一起，不過這樣一來感覺變速時就變得有點複雜了。齒輪的種類如右圖一樣分為三種，各個齒輪的側面都設計有便於咬合隔壁齒輪的連接柱跟連接孔，

右圖是齒輪處於空檔的狀態，假如輸出軸的四檔齒輪往右邊移動的話就會跟一檔齒輪咬住，這樣的結果就是一檔齒輪會藉由四檔齒輪和輸出軸連結，讓前齒盤用一檔齒輪的轉速進行旋轉。

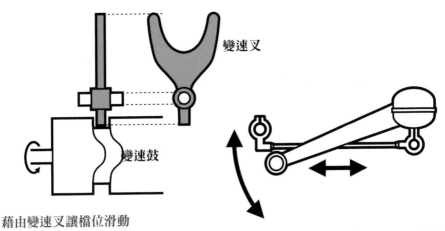

變速叉

變速鼓

藉由變速叉讓檔位滑動

　　操作換檔踏板時，表面車有溝槽的變速鼓會轉到預設的位置，接著變速叉會被溝槽所引導而左右滑動，並且讓位於變速軸且左右移動沒有限制的齒輪開始滑動。

　　花鍵套側因為已經跟變速箱的輸入軸連接，因此齒輪有無咬合（入檔或空檔），使用的是哪一個檔位，以及摩托車是否在行進的情況下，都有不同的轉速，或是停止旋轉。

　　轉速不同的外套跟花鍵套會因為操作離合器拉桿時，會調整離合器片跟摩擦片之間的縫隙大小，也才讓離合器會時而連接時而分離。

　　通常騎士會因為有轉速差而認為「既然如此，那麼慢慢操作離合器的話，頓挫也會比較少不是嗎？」，不過事實上當離合器切離開來的時間越久，外套側跟花鍵套側的轉速差距會

一檔
四檔
三檔
五檔
六檔
二檔

一檔
四檔
三檔
五檔
六檔
二檔

所有齒輪皆咬合在一起

照片就是 一般所提到的常時咬合式齒輪，照片左側是輸入軸，右側則是輸出軸，基本上就是藉著左右兩隊咬合在一起的齒輪來進行變速的，檔位的排列順序會依據車輛的不同而有所差異。

轉速差距越小
換檔鈍挫越輕

再來就是變速箱的設計，轉速不同的齒輪會利用設置在齒輪側面的突起與孔洞進行咬合，以達到換檔目的，所以不難想像在換檔時，

所以達到換檔目的，所以不難想像在換檔時，越大，所以說離合器切離的時間越短，換檔時的頓挫就越小，所謂的半離合操控是種讓離合器片跟摩擦片以不同的轉速一邊摩擦滑動一邊咬合的技巧，對於離合器負荷最大，也最容易產生磨損，因此為了縮短半離合的時間，所以才建議瞬間且少量地扣動離合器拉桿來進行換檔動作。

Case 4

齒輪確實咬合
有助於避免跳檔

　　換檔是靠一個可以左右方向自由滑動的齒輪和其他齒輪咬合，但由於左右齒輪的轉速不同，因此在齒輪跟齒輪互相藉著咬合孔咬合之前，都必須被變速叉給持續壓住（指換檔踏板的操作）。假如換檔踏桿的操作不夠明確，那麼齒輪咬合柱只會靠近咬合孔，這時變速箱會呈現一種類似空檔的狀態，這也就是俗稱的「跳檔」。

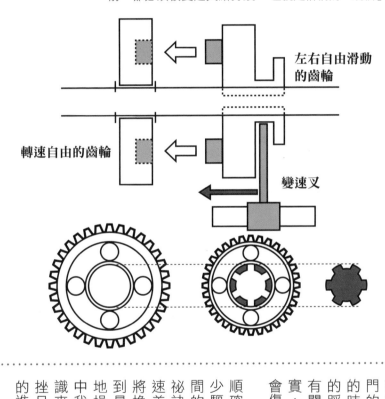

左右自由滑動
的齒輪

轉速自由的齒輪

變速叉

　　轉速差距越小，換檔的頓挫就越輕微，因此油門的操控、切開離合器的時間，以及排檔踏桿的踩下、勾起等跟換檔有關的操控務求迅速確實，時間拉長的話反而會傷害零件。

　　簡單來説，要想平順確實地換檔，那麼想平少驅動系統中齒輪彼此間的轉速差就是成功的祕訣，想要順利消除轉速差距，最重要的就是將換檔動作的時間縮短到最小，但又不能含糊地操控。下一次的解説中我們將延續這次的知識來為各位介紹不會頓挫且可以讓循跡力持續的進檔技巧。

Riding
Technic &
Technology

[騎乘技巧＆科技]

Vol.7
退檔必須
「配合轉速」
的理由

經驗老到的車手老是把
「配合轉速」跟「補油」兩個詞掛在嘴邊。
不過到底什麼是「配合轉速」，又為了什麼要去空催油門呢？
其實只要理解引擎跟變速箱的關係，
就會了解到這兩個動作的必要性
也許在理論跟操作上面稍微有點難度，
但還是請花點心思研究一下吧！

退檔的時候會產生礙事的引擎煞車

Case 1

No Good!

摩托車在減速的時候一定會將關閉油門，不過在這個狀態下要是再把離合器切開來的話，那麼引擎轉速可是會馬上掉到接近怠速運轉的地步。這個時候後輪會受到變速箱的影響而繼續轉動，變速箱的轉速也會隨著減速效應而漸漸下降，但要是這個時候退檔的話，由於前後使用的齒輪比差別太大，因此當離合器連接的瞬間會因為引擎跟變速箱轉速之間大幅度的轉速差而產生強大的引擎煞車，這些症狀常見於引擎轉速偏高且離合器操作時間較長的時候，要是引擎煞車的效應太過強烈的話，後輪可是會產生彈跳甚至是鎖死的危險狀況。

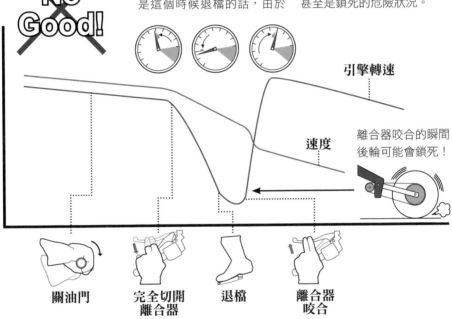

引擎轉速

速度

離合器咬合的瞬間後輪可能會鎖死！

關油門　　完全切開離合器　　退檔　　離合器咬合

讓引擎轉速配合變速箱轉速

相信不少騎士都聽過「退檔要配合引擎轉速」這句話，順暢地換檔是操駕時不可或缺的技巧，也是老手們念茲在茲的一句話，不過話又說回來，到底是要配合什麼樣的轉速呢？

請各位看一下Case 1，雖然寫著「No Good」，但事實上卻是大部分騎士在操作退檔的方式，特別注意車速跟引擎轉速間的關係。

無論是否扣著煞車，在減速時都會關閉油門，因此當車速下降，引擎的轉速也會跟著下降，這時假如需要退檔而去切開離合器的

藉著空催油門的技巧將引擎轉速和變速箱轉速進行同步

Case 2

要想順暢地退檔的話，首先要避免引擎轉速降低，第二個重點是下一個檔位的齒輪比（變速箱轉速）跟引擎轉速進行同步，這幾點是其中的關鍵。因此首先要做到的是極力縮短離合器切開的時間（並非完全切開，在驅動力即將中斷的地方開始做一點點的半離和技巧），最後在這段空檔中配合空催油門讓引擎轉速提升就可以了。其實用講的都很簡單，但實際上這些動作必須要在零點幾秒之中完成，因此練習到習慣整個動作是絕對必要的。

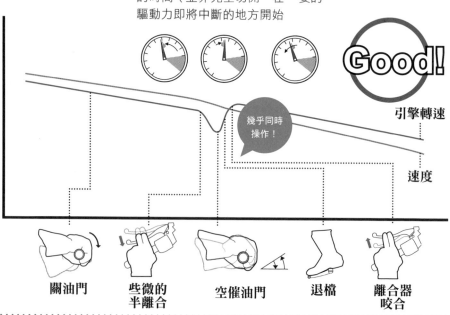

幾乎同時操作！

Good!

引擎轉速

速度

| 關油門 | 些微的半離合 | 空催油門 | 退檔 | 離合器咬合 |

話，引擎轉速會瞬間下降到接近怠速運轉的狀態。可是這個時候變速箱依舊會受到後輪轉動的影響會繼續旋轉，只會慢慢地降低轉速度。

在這樣的情況下假如再將檔位下降一檔並且將離合器接合的話會變成怎麼樣呢？在齒輪比擴大的同時，引擎轉速已經降到極低的狀態，引擎跟變速箱之間存在著極大的轉速差異，因此會產生出非常劇烈的引擎煞車效應。

所以在一連串的退檔動作當中，假如可以不讓引擎轉速跟變速箱轉速無轉速差距，也就是讓引擎跟變速箱的轉速「配合」得起來的話，就可以達到引擎轉速下降達

054

油門空催要到
多少轉速才行？

下圖是 DAEG 的齒比圖，當達到四檔 5000rpm 的時候，三檔 6000rpm 就可以達到相同的車速，所以說假如從四檔降到三檔的話，退檔補油就要退到 6000rpm 才能讓引擎跟變速箱的轉速互相同步。但實際在騎乘的時候，變速箱的轉速在減速狀態下就會下降了，所以退檔時將油門空催到 5000rpm 就夠了。另外再補充一點，假如引擎轉速越低，那麼各個齒輪之間的轉速差距就越小。

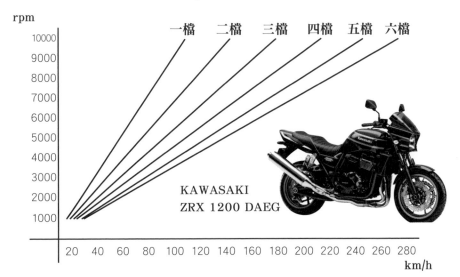

rpm

一檔　二檔　三檔　四檔　五檔　六檔

10000
9000
8000
7000
6000
5000
4000
3000
2000
1000

KAWASAKI
ZRX 1200 DAEG

20 40 60 80 100 120 140 160 180 200 220 240 260 280
km/h

Column

補油的時機相當重要！

右邊是很常見的操作順序，也就是在退檔之前進行空催油門的動作，但實際上這樣做是不 OK 的，因為這樣只是在引擎跟離合器連接之前單純地拉高引擎轉速，可是之後還是會下降，所以實際上這樣是沒有意義的。空催油門的操作必須要跟換檔踏桿以幾乎同時操作的方式進行才算成功。就整個操控的感覺來說，換檔踏桿的操作稍微早一點進行會是比較好的時機，假如慢慢操作的話，只會讓車身造成劇烈晃動。想要在一瞬間操作的話，訣竅就在於短促的轉開油門些微提高轉速。

切開離合器
↓
空催油門
↓
退檔

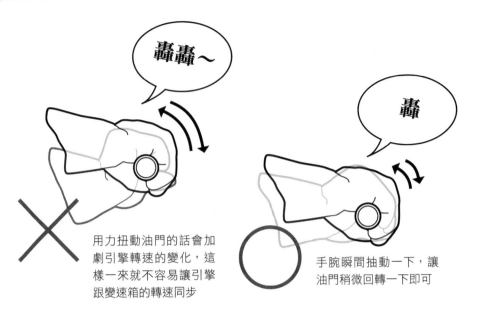

用力扭動油門的話會加劇引擎轉速的變化，這樣一來就不容易讓引擎跟變速箱的轉速同步

手腕瞬間抽動一下，讓油門稍微回轉一下即可

Column

手腕輕輕扭動一下就 OK 了

　　如同上面的解說，空催油門主要任務在於抑制因拉動離合器拉桿而轉速下降的引擎轉速，只要稍微拉高轉速並且可以讓變速箱跟引擎的轉速同步就 OK 了。這也意味者其實空催油門的幅度不用太大。另外在實際的減速情況下，騎士都是按著煞車拉桿的，假如空催油門的操控幅度太大的話，那麼也會連帶影響煞車拉桿的力量。

就可以達到無頓挫退檔的境界了。

　　要達到上述需求，就必須借助「空催油門」的力量了，除了切離合器的量跟時間都要極力減少之外，還必須同時拉高引擎的轉速，以便讓引擎轉速配合得上變速箱的轉速。

　　可是話又說回來，引擎轉速還可以藉著車上的儀表板來判讀當下的引擎轉速，但是變速箱的轉速可就看不到了，究竟引擎轉速要拉高到多少才夠呢？

　　說到這裡，請各位看一下 Case 3 的齒比圖，當然這個齒比圖會因為車種跟排氣量而有所差異，但是各個齒輪所顯示出的與轉速之間

各種五花八門裝置
消除沒用的引擎效應

退檔時產生的強大引擎煞車效應對於進彎流程來說整個超礙事，相關裝置的發展以 1980 年代「後輪扭力限制器」（Back Torque Limiter）為開端，近年來因為電控裝置的進化，各式各樣的電控裝置問世，為消除引擎煞車注入一股活水。

滑動式離合器

滑動式離合器的作用在於，當車輛在退檔時且後輪快要發生過大的扭力時，滑動式離合器具有讓離合器瞬間滑開來的引擎煞車效應控制構造，這也稱為後輪扭力限制器，這個設計曾經見於 1980 年代初期的 HONDA NS500 跟 RS1000RW 等廠車上，滑動式離合器的構造雖然會因為廠商跟時代的不同而有所差異，但是現在這個配備大都是現代超跑車的標準配備了。

在改裝界跟賽車界都享有盛名的 STM 廠滑動式離合器套件

的關係，以及低檔位高轉速的狀態下，齒輪與齒輪之間的轉速都各自拉開來的樣子，接著回到引擎轉速要拉多高的話題，概略來說，引擎轉速拉到檔位下降之前的轉速就可以了。

另外其實我們也比較推薦各位使用本刊之前就曾經多次出現的「高檔位低轉速」的進彎技巧，換句話說退檔補油的轉速沒有必要拉到超高的地步，相信各位也可以從齒比圖中看得出來。再加上進彎前由於手指已經掛在煞車拉桿上了，假如這時還用力去空轉油門，最後按壓煞車拉桿的手指也會一併受到影響，因此建議各位空催油門的時

DUCATI
1199 Panigale S

DUCATI PANIGALE 是第一台採用 EBC（引擎煞車控制裝置）的車款，EBC 介入程度共有三段可供選擇，而且還可以將 EBC 的功能關閉。

EBC（引擎煞車控制裝置）

當進行重煞跟退檔的時候，車身會開始感應油門開度、當下的檔位跟引擎曲軸的減速率，並且交由 ECU 進行演算，接著會藉由線傳飛控（Fly by Wire）的功能來針對油門開度進行細膩的調節，以減緩進彎時所產生的強大的引擎煞車效應（讓正向跟反向循跡力平均化）。

候只要瞬間扭一下就可以了。

可是問題是，用寫的都很簡單，但實際做起來其實難度頗高，所以建議各位一開始在嘗試的時候，乾脆就視空催油門為一個可有可無的動作，只要可以稍微切一點離合器，並且讓退檔的操作達到迅速敏捷的地步即可，只要做到這個地步就能大幅減少退檔時所產生的震動，假如能夠在高檔位的狀態下將引擎轉速下降到 3000rpm 以下的話，那麼就能有效減少換擋所帶來的震動了。

熟悉這些動作後，就可以試著跟空催油門的技巧進行組合，空催油門的時機建議跟換

MV AGUSTA
F4RR

首台採用自動空催油門的市售車，
除了啟動跟停車之外，完全不需要觸摸
離合器拉桿！

自動補油裝置

自動空催油門裝置其實就是種當車輛退檔時，可以自動行駛空催油門動作
的裝置，另外由於 F4RR 還配備有電子快排系統，無論是昇檔還是退檔都不需
要觸碰離合器，騎士要做的就是操作換擋桿而已。另外跟滑動式離合器併用的
情況下，超過 10000rpm 的狀態下也可以順暢地退檔跟消除引擎煞車。

擋踏桿操作同一時間進
行，不然就是換擋桿
操作早一點進行會比
較好。下一步就是試著
感受空催油門時離合器
咬合的感觸，另外要提
醒各位一點，就算空催
油門的幅度不大，但要
是其他的動作慢慢進行
的話，引擎還是會迅速
下降直到離合器咬合為
止，到時可是會出現劇
烈的引擎煞車的，請各
位注意。

由於近年來的超跑
車多配備有滑動式離合
器以及各式各樣的電子
輔助騎乘裝置，所以現
在騎車時要配合轉速跟
空催油門的的必要性也
少很多，但是了解一下
順暢退檔的基本操作其
實是百利而無一害。

Riding
Technic &
Technology

[騎乘技巧＆科技]

Vol.8
何謂
換檔不震動的
極致技巧？

換檔操作的越小心，
除了換檔震動越大之外
循跡力的斷層也會越長
事實上換檔操作應該力求「迅速敏捷」
要了解其中道理就必須從引擎跟變速箱的關係開始了解

小心操作是造成換檔震動的主因

不少騎士在騎車的時候都希望消除檔位上昇時所產生的震動，但通常卻也因為這樣做讓離合器操控時的震動變大。會有這樣的現象其實也是因為引擎的反應非常優異所致（無論油門是關還是開的狀態下），但是上述一連串的動作必須花點時間進行，不過這段時間中，引擎的轉速（曲軸）會掉到接近引擎空轉時的轉速，但是齒輪還是會被後輪所帶動，並且以相應的速度進行迴轉，也因此引擎曲軸跟齒輪箱之間的轉速差距會變得非常大，在這樣的狀態之下無論半離合器技巧用的多純熟，離合器跟引擎連接的時候一樣都會出現換檔震動的現象。

Case 1

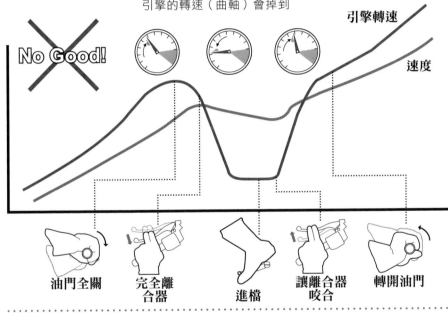

No Good!

引擎轉速

速度

油門全關　完全離合器　進檔　讓離合器咬合　轉開油門

過於小心翼翼是造成頓挫的主因

從 Case1 的解說就可以清楚知道，將油門完全關閉且離合器完全切離引擎的狀態下，引擎轉速會很快地掉落到接近怠速的狀態，可是另一方面變速箱的齒輪的轉速卻還是保持在切離開引擎時的轉速，引擎轉速（正確來說是指曲軸的迴轉）跟離合器齒輪的轉速差異存在著相當大的轉速差異的狀態下，假如還慢慢地將引擎跟離合器接合的話，會讓兩者的轉速差異更大，結果就是不管用什麼技巧都一定會產生震動。

所以要想消除進檔時所產生的震動，那麼

061

離合器操作不只要迅速敏捷
還要做到有扣幾乎跟沒扣一樣的境界

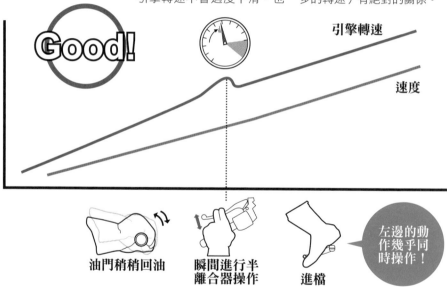 Case 2

油門操控並不是「開油門→關油門」如此死板的按鈕式操作，正確的動作是利用手腕的抽動來達到油門快速的開閉（油門其實也沒有完全關閉，只是瞬間回油一下而已），然後在將離合器拉桿瞬間切開的同時，將換檔踏桿往上勾，這樣一來引擎轉速不會過度下滑，也能有效減少引擎跟齒輪箱的轉速差距，這樣一來換檔時的引擎煞車自然也就跟著變小了，而且還不需要長時間的半離合器技巧就能夠達到順暢換檔的目的。總之換檔是否順暢跟是否能夠在短時間內完成整套換檔所需動作（也就是指不讓引擎掉落太多的轉速）有絕對的關係。

Good!

引擎轉速

速度

油門稍稍回油

瞬間進行半離合器操作

進檔

左邊的動作幾乎同時操作！

利用驅動零件的間隙來減輕震動

減少進檔震動的更進一步技巧就是如同

換檔時儘量減少引擎轉速下降是其中的關鍵。

所以正如同 Case2 中的解說，油門、離合器跟換檔踏板三個操作點幾乎都必須在同一時間進行操作，目的就是加速操控，減少引擎轉速下降的時間，而且在操作進行的時候油門不能完全關閉，目的就是讓引擎繼續運轉，離合器也不要完全切到底，這些措施都是為了避免引擎轉速大幅下降所做，才能在換檔時不容易產生擾人的頓挫。

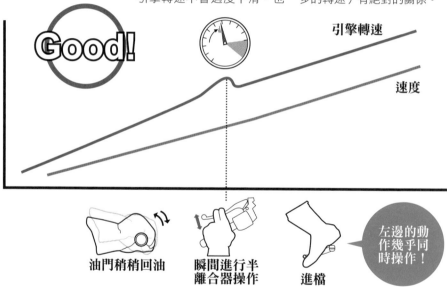

愛車的齒輪比必須瞭然於胸

　　我們在上一次的教學中已經介紹過從齒輪變速比跟性能諸元表中推算出車輛的最高時速的方法，這次的教學我們就先從齒比圖開始講起。首先以車輛的最高轉速（以 DAEG 為例，最高轉速為 9500 轉）來計算出各檔位的速度，積下來再將這些數據寫在具有小方格框框的紙上面，將線從 0 畫到得到的數據就可以了。從圖表來看的話，一台車所負責的齒輪跟轉速範圍一目瞭然，其實這個圖表在 90 年代中期之前是車輛型錄上一定會放的資料。

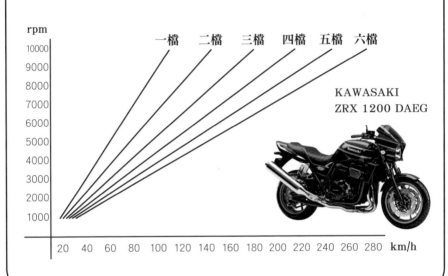

Case3 所提到的，利用驅動零件的「遊隙」而非使用離合器所達到一種換檔技巧。這個技巧其實就是在加速時將油門稍微收一點（並非讓油門完全關閉，而是利用手腕讓手腕瞬間抽動一下以達到油門瞬間關閉起來的感覺）讓離合器產生遊隙，讓到換檔踏板可以瞬間往上扳動進行換檔。

進行換檔時切勿急躁莽撞

　　也許各位會覺得這個技巧很高階，但事實上只要 Case2 的技巧可以使得順暢的話這個技巧使用起來不會有什麼問題。另外要提醒各位

活用驅動裝置「遊隙」的油門操控技巧

假如加速時將油門快速關閉的話，必定需要一點時間引擎煞車才會產生效力，而這就是驅動裝置的「遊隙」，由於驅動力是不會在這段「遊隙」中對驅動裝置產生影響，所以不用操作離合器拉桿也一樣可以讓離合器齒輪鬆開來順暢地讓齒輪往下一個齒輪移動。這個技巧稍微有點高階，但只要學會這個技巧，出彎時就可以毫不猶豫地進檔了。

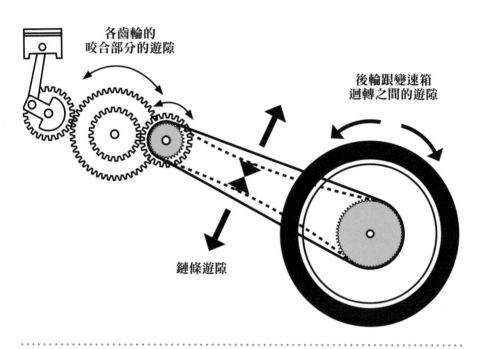

各齒輪的咬合部分的遊隙

後輪跟變速箱迴轉之間的遊隙

鏈條遊隙

半離合迅速換檔
原理就是電子快排

　　為什麼這麼做會不會傷引擎跟齒輪箱呢？其實思考一下 Case5 中提到的電子快排就可以清

一點，換檔操作力求迅速敏捷，但也不是隨便胡亂地換檔就好，在操控時還是得注意切勿焦慮，也不要去硬踩、硬扳換檔踏桿，否則可是會發生跳檔的事情。

一旦產生跳檔的話多多少少都會對離合器產生傷害，長期累積下來對離合器也不是一件好事情。相信不少騎士認為用半離合感覺會傷引擎跟變速箱，不過其實這麼做是沒問題的。

用推車的方式
確認驅動裝置的遊隙

　　首先將引擎熄火，接著打入一檔，將車子往前後推動，大約 20 公分即可，用這樣的方式就可以確認驅動裝置的「遊隙」，而且還可以一邊推動一邊確認引擎煞車是否有效

—— Column ——

轉向自由的齒輪　　　　可以在軸心左右
　　　　　　　　　　　自在地移動的齒輪

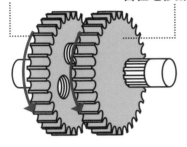

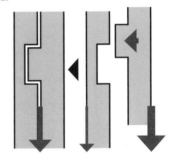

換檔操作是「雙咬合機制」

　　利用換檔桿操作的方式來跟隔壁齒輪的咬合孔咬合的機制需要做到「齒輪往橫移動」以及「咬合孔跟咬合柱互相咬合」這兩個條件，因此換檔時可以利用「遊隙」來讓作業順暢。

楚理解了。現在許多頂級的車款都會搭配電子快排系統，這個系統原本是用在比賽上面，可以說是一種比賽技術回饋到市售車上的典型案例，其實電子快排的換檔踏桿的操作會藉由偵測器，當感應到換檔踏桿的操作時就會瞬間讓燃料噴射系統跟引擎點火系統停止作動，這樣的意思其實跟騎士將油門瞬間回油的意義相同，電子裝置只要作動正確，是不會對離合器的作動做任何干預的，也因電子快排可以讓離合器在不用切離開來的狀態下換檔。

　　一開始換檔時要切開離合器是因為假如對齒輪箱施加的驅動力

焦慮操作換檔桿會導致操作失誤

我們在右頁的專欄已經解說過了，換檔操作要算完成必須要做到「齒輪移動」跟「齒輪咬合」兩項作業，假如這兩項作業沒有確實做到那麼就會導致跳檔的狀況發生。所以說要想避免操作失誤，那麼關鍵就在於確實的換檔桿操作作業。雖然Case2中提到過「操作力求迅速敏捷」，但我們並不建議焦慮操作，不管當下狀況有多急迫，換檔桿都要確實地往上推到底才行。

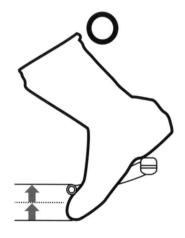

腳後跟掛在腳踏上，上腳掌則放在換檔桿之下，並且確實將換檔桿往上撥，直到聽到「咔嚓」的金屬聲才算完成動作

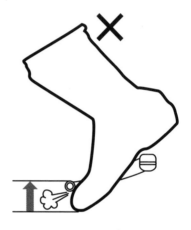

一但操作過急的話，跟左圖的多階段操作不同，很容易變成一次性的動作，再加上腳拱處浮舉，因此力量無法傳達到位

盡量還是不要省略操控離合器

不過事實上並不是很建議大家省略掉離合器拉桿操作而只靠油門來換檔，畢竟這需要長時間的練習，而且非常了解愛車的離合間隙，這樣的操作方式要是換

（加速時的引擎扭力跟減速時的煞車力量也是同樣的道理）沒有釋放掉的話，離合器會無法順利作動。但假如靠油門操作來將齒輪上的驅動力釋放開來的話（換檔踏板可以配合時機進行操作的情況下），基本上不靠離合器拉桿是可以進行換檔的操作的。

只需要操作換檔桿
就可以進檔的電子快排

電子快排系統已經常見於賽車上，但是近年來連市售仿賽車也開始配備電子快排了，這套裝置可以在油門開啟的狀態下不用切動離合器也可以進檔，另外一個優點就是將後輪失去驅動力的時間減少到相當短的境界。

電子快排上的連接桿感應器不只可以感覺到操縱換檔桿的右腳的動作，還可以讓管理燃料噴射裝置跟引擎點火裝置的 ECU 瞬間停止（這個用意跟瞬間關油門的意義相同），騎士只要操控換檔桿就好了。

這就是設置在換檔連桿上的快速排檔感應器，可以感測出腳對換檔桿所施加的壓力

檔踏桿的操作沒有配合上，或是犯了其他的操作錯誤的話，都很容易成為損壞變速箱的原因，在過彎時更是不建議這種操作方式，出彎時假如出現失誤，還會發生跳檔或是加大彎取線，嚴重的話車身甚至會大幅晃動發生轉倒，所以建議各位還是先按照 Case2 的說明練習順暢進檔的技巧。

接著在下一次的教學中，我們將解說多數騎士都覺得很困難的降檔技巧，以及配合降檔一同使出的補油技巧。

Riding
Technic &
Technology

[騎乘技巧＆科技]

Vol.9
將車輛性能與操控性
推到極限的
油門作動

想要加速就要開油門⋯⋯是理所當然的動作
只不過，隨便亂開可是無法獲得有效的循跡力
若想要在出彎時安心加速，油門的操控方式也是很重要的
首先就來讓我們看一下引擎與油門的關係吧！

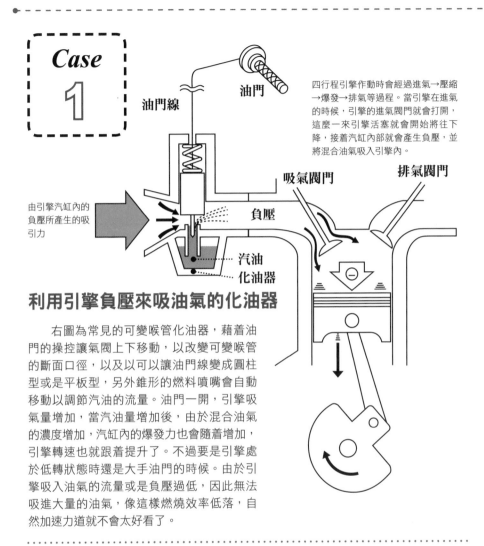

Case 1

四行程引擎作動時會經過進氣→壓縮→爆發→排氣等過程。當引擎在進氣的時候，引擎的進氣閥門就會打開，這麼一來引擎活塞就會開始將往下降，接着汽缸內部就會產生負壓，並將混合油氣吸入引擎內。

油門

油門線

吸氣閥門

排氣閥門

負壓

由引擎汽缸內的負壓所產生的吸引力

汽油
化油器

利用引擎負壓來吸油氣的化油器

　　右圖為常見的可變喉管化油器，藉着油門的操控讓氣閥上下移動，以改變可變喉管的斷面口徑，以及以可以讓油門線變成圓柱型或是平板型，另外錐形的燃料噴嘴會自動移動以調節汽油的流量。油門一開，引擎吸氣量增加，當汽油量增加後，由於混合油氣的濃度增加，汽缸內的爆發力也會隨着增加，引擎轉速也就跟着提升了。不過要是引擎處於低轉狀態時還是大手油門的時候。由於引擎吸入油氣的流量或是負壓過低，因此無法吸進大量的油氣，像這樣燃燒效率低落，自然加速力道就不會太好看了。

油門操控技巧
不是只有開關而已

　　在本刊的騎乘技巧的特輯中，我們會教授大家使用油門過彎時的技巧，像是「過彎時油門微微保持在輪胎咬住地面，過了這段之後再大手油門」……等，但是大家通常還是不太瞭解其中的原理，如果在一知半解的狀態下實際作業後，大多數的情況還是會感覺到不安，反而無法體會操駕的樂趣。

　　正因為有這樣的問題存在，我們認為各位騎士有必要研究一下油門動作跟車輛加速之間的關係。首先我們來瞭解一下化油器的構

配合引擎轉速的油門操縱方式至關重要

右圖主要是表達引擎空轉時，從低轉速到中轉速域的引擎轉速以及化油器油氣吸入流速兩者平衡達到和諧的示意圖，在直線加速衝刺催油門的時候，在極低轉速的情況下，油門的操控方式建議按照 A 的方式進行，這樣子做的話，車子的反應會比較快一點。C 的做法則是適合中轉速域，這個時候大手油門也沒有關係。就算是在高轉速域的情況下，大手油門也沒有關係的，反而時低轉速域時的油門開度以及操控比較重要。

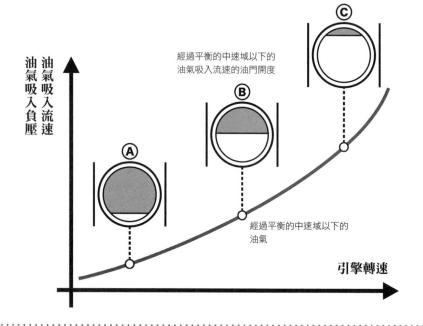

油氣吸入流速
油氣吸入負壓

經過平衡的中速域以下的油氣吸入流速的油門開度

經過平衡的中速域以下的油氣

引擎轉速

造。化油器的原理跟動作如同下面的專欄以及 Case1 的解說，這些內容對於機械原理不熟悉的讀者來說會有點難懂，所以我們會將重點提出，也就是「確定引擎的吸入油氣的流速以及負壓所需要的油氣量」這個重點。

引擎的轉速度不同需要的油氣也不同

操縱油門的是騎士，但是引擎所需要的油氣會依引擎的轉速而有所差異，所以油門操控的方式也會改變車輛的加速方式，例如當引擎處於低轉速域的時候，由於引擎活塞速度緩慢，因此引擎的吸

化油器的基本原理是什麼？

化油器的作用主要是將汽油霧化並且與空氣結合，化油器裏面的進氣通路中間有個閥門，這個閥門將會控制進氣通路的一部分，通常當引擎轉速上升的時候（活塞上下移動），引擎會加速空氣的抽引，而化油器裏面的閥門主要就是為了降低壓力，以便產生負壓，另外化油器還設計有一

組噴嘴以便利用大氣壓力來吸取化油器汽油浮槽中的汽油，所以當大氣壓力低的時候，汽油就會被噴嘴出口向上吸出，達到空氣與汽油混合並且霧化的目的。當

汽油跟空氣互相混合好的時候就會被送進引擎的燃燒室內。所以把汽油送進引擎的做法並非強制性的，而是完全依靠自然進氣的方式來達到的。

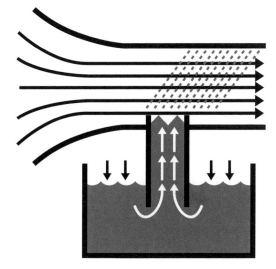

入負壓也會跟著降低，在這樣的狀態下假如再進一步大手油門的話，那麼化油器到引擎進氣閥門的油氣流速會更進一步下降，這麼一來引擎就會無法大量吸進油氣，同時還會破壞掉化油器內部的汽油霧化平衡，這個時候不是變成油氣太濃，不然就是油氣太薄，這個現象跟化油器的設定、排氣量、引擎轉速等等的要素有關。總之，當引擎的燃燒效率下降時，引擎點火時的扭力也會跟著減少，這也代表着車輛的循跡力無法充分發揮，加速力道也會變得遲緩。

所以說當開始轉動油門的時候，引擎會隨

讓油門操作更容易的負壓可變閥門

Case 3

　　化油器的裝置從 1970 年代後半才開始普及於摩托車車上，油門的操控主要藉由油門線以及圓盤狀的蝴蝶閥門以開閉閥門的方式達到控制燃料的目的，另外也有

藉由感應引擎負壓的方式來達到自動開閉閥門的活塞閥門裝置，有了這些裝置，就算油門操控不甚細膩，一樣可以讓引擎的進氣量跟油氣達到平衡的地步。

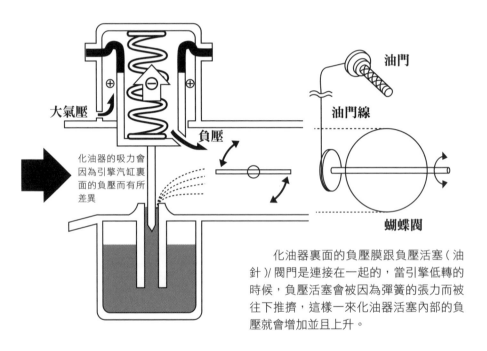

大氣壓

負壓

化油器的吸力會因為引擎汽缸裏面的負壓而有所差異

油門

油門線

蝴蝶閥

　　化油器裏面的負壓膜跟負壓活塞（油針）/ 閥門是連接在一起的，當引擎低轉的時候，負壓活塞會被因為彈簧的張力而被往下推擠，這樣一來化油器活塞內部的負壓就會增加並且上升。

負壓可變的化油器開始登場

　　Case2 中已經解說過引擎轉速跟油門開度兩者之間的關聯性，但當相當重要。

速域的油門操作方法相同時也是出彎時常用的轉轉速域的這個區域，同擎空轉的轉速開始到中響的。這也代表著從引速都已經很高了，所以話，那麼進氣負壓跟流假如是中轉速域以上的衡的地步是很重要的。跟引擎轉速達到互相平度開到化油器進氣負壓應，所以儘快將油門開著油門的動作作出反

速是不會產生太大的影度跟進氣負壓的角油門的開法跟開啟的

就算握把全開
也不代表化油器全開了

　　當右手大力轉動油門的時候，照道理蝴蝶閥也應該要跟着全開，但由於負壓活塞氣門的關係，引擎轉數上升的時候也代表了化油器負壓上升，所以其實這個時候的油門是慢慢打開的。不過要是引擎處於中轉速域以上的話，那麼化油器就會跟着完全開啟。

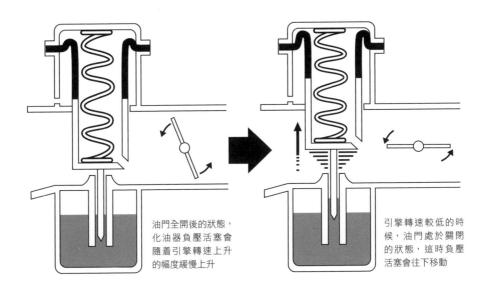

油門全開後的狀態，化油器負壓活塞會隨着引擎轉速上升的幅度緩慢上升

引擎轉速較低的時候，油門處於關閉的狀態，這時負壓活塞會往下移動

　　是引擎的形式跟排氣量的大小等等，甚至是引擎種類都會產生差異，建議首先用自己的摩托車進行嘗試，總之先讓身體習慣新的感覺是很重要的一件事。當油門開始轉開時，油門開度跟吸入負壓的比例達到平衡後，就會抓到輪緊緊咬住路面的感覺，這是再進一步加大油門開度的話，就可以在出彎的時候活用循跡力。

　　之所以會解說到這個地步主要是因為從1970年代後半期開始，四行程引擎的市售摩托車大多配備了負壓可變閥門的化油器，像這樣的負壓可變閥門化油器，由於可以讓化油器本體

化油器越高科技，基本操縱就更重要

引擎的燃料提供在出現燃料噴射系統之前，化油器是引擎燃料獲取的重要配備，現在以強制開閉可變式閥門為主流。此外，賽車用的化油器由於以榨出高馬力為優先目的，而市售車採用的則是一般負壓可變閥門的化油器，對於技術高超的騎士來說這種化油器會覺得反應不甚靈敏，這也是為什麼賽車不用這種化油器的原因。附帶一提，負壓可變閥門的化油器假如閥門的口徑增加的話，當引擎轉速拉到極限狀態時可以獲得最高馬力。

所以拿老車或是其他化油器車款來改裝市售改裝化油器或是賽車等級高性能的化油器時，油門的操控技巧跟基本技巧就變得相當重要了，在這麼需要技巧的狀態下騎車，細膩度不足的操控是很難駕馭車輛的，反而逼不出車輛原有的性能。

賽車場上或是改裝車上都頗有名氣的化油器廠商京濱打造的 FCR 化油器，另外像是其他的場上比如 Mikuni 的 TMR 系列化油器等廠商所打造的賽車用化油器都以強制開閉可變閥門設計的化油器為主流

做到自動調整引擎的進氣負壓的目的，所以就算在低轉速的時候油門操縱不甚細膩，也不會發生跟就化油器一樣的加速遲緩的狀況，算是一種隨著時代進步跟著進化的一種裝置。

也許有些人就會覺得「這樣的話油門操縱就不需要技術了」，但事實上引擎的油氣進氣流速跟負壓所需要的油氣量的原理是一樣的，更何況實務面上像是「將油門從接近引擎空轉的位置大手油門」這樣的操控方式，也不太可能讓車輛對油門反應做到毫無延遲的地步，所以基本上油門的操控方式基本上還是不變的。

何謂流暢喉管？

　　有些老車像是義大利的 Dellorto 等車款的賽車等級化油器，這些化油器設計有一個當油門打開時，化油器的主要喉管處構造平順沒有段差。這樣的設計可以讓氣流順暢通過，送入更多的混合油氣進入引擎，並且提升油氣的霧化程度，這麼一來引擎的馬力跟反應就會更加的靈敏。

活塞氣門打開時，可變閥門內壁的側面由於不是很平整，所以吸入的空氣氣流比較亂

FCR 化油器擁有中子構造設計，當油門開啟時，油門氣門就算開啟，閥門內部也會因為壁面平整的關係，讓氣流不受影響

燃油噴射系統出現在市場上

　　從 2000 年開始，多數車輛都配備了「燃料噴射系統」（Fuel Injection），儘管如此現在的化油器車款還是很多。由於油門操控對於騎乘會產生龐大的影響，所以只要充分瞭解構造跟原理的話，就可以有效提升車輛性能跟騎士的信心。下一回，將要來為各位介紹燃料的燃油噴射系統，現在很流行的燃油噴射系統的構造是什麼？究竟燃料噴射系統是不是也需要油門操控的技巧呢？就讓我們來探討一番。

Riding
Technic &
Technology

[騎乘技巧＆科技]

Vol.10
噴射引擎車
操控油門
也需要
技巧嗎？

現在的噴射引擎車不管怎麼轉開油門
加速大概都會很銳利的吧……
但若是想要安心地活用強勁的循跡力時
油門的開啟方式也是很重要的！

燃料噴射系統原理
是用汽油幫浦進行噴射

相較於化油器，燃料噴射系統的節流閥本體的設計可說是相當的簡單，基本上只有靠油門進行開閉作業的蝴蝶閥以及將燃料噴射出去的燃料噴射裝置。不過相較於化油器這種藉由控制燃料數量以及油氣濃度混合比的方式來進行控制的裝置，燃料噴射系統主要靠得是汽油幫浦、ECU（引擎控制元件，

也就是行車電腦）以及各種感知器等等裝置，總之節流閥外需要安裝許多各式各樣的裝置。引擎（活塞行程）所產生的負壓會將汽油藉由汽油幫浦以及燃料噴射裝置噴出，這樣的方式可讓所噴出的汽油品質更為穩定，不過油門的開啟方式對於車輛的反應是有一定的影響。

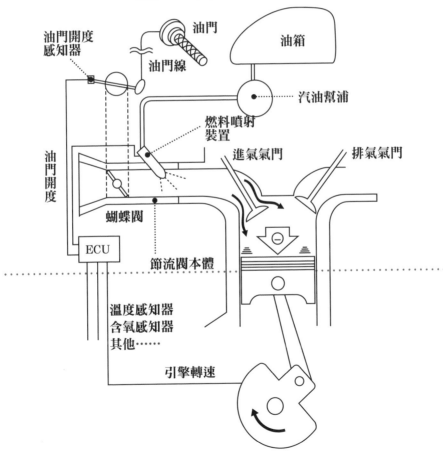

油門開度感知器

油門

油門線

油箱

汽油幫浦

燃料噴射裝置

進氣氣門

排氣氣門

油門開度

蝴蝶閥

ECU

節流閥本體

溫度感知器
含氧感知器
其他……

引擎轉速

油氣的濃淡是如何決定的呢？

Case 2

相較於利用物理原理將汽油往上吸入的化油器而言，燃料噴射裝置則是採用機械裝置壓送汽油並且將汽油噴射出去，所以油氣的濃淡同樣也是由電子裝置來進行控制的。現行的摩托車多以油門的開度及引擎轉速為基準，讓 ECU（行車電腦）來決定噴射量為主流。

> 現行摩托車的主流

節流閥速度方式

節流閥方式是種藉由油門開度跟引擎轉速的狀況來界定汽油的噴射量的一種方式，這樣的設計不僅構造簡單，油門的操作反應也比較直接。燃料噴射裝置的噴嘴會直接對應類似下圖的 ECU 數據來對應引擎轉速以及油門開度以決定打開的時間（以 1/100 秒為單位）。此外還會藉著空氣感知器、引擎溫度感知器、以及排氣感知器等裝置所獲得的數據來針對燃料噴射系統進行各式各樣的調整。

油門開度

		0%	10%	20%
引擎轉速	1000rpm	1ms	2ms	3ms
	2000rpm	1ms	3ms	4ms
	3000rpm	2ms	5ms	6ms
	4000rpm	2ms	7ms	8ms
	5000rpm	3ms	9ms	10ms

構造相當簡單的燃油噴射系統

在上一回針對化油器的構造以及如何利用油門開啟的方式進一步逼出化油器性能的方面進行了詳細的解說。

相信大家都已經有了「引擎的進氣流速以及負壓將會決定必要的燃料量（油氣）」這樣的理解。

那麼究竟燃料噴射系統的車款是否還是需要油門開閉的技巧呢？針對這點我們就來好好研究研究。

首先給各位一個觀念，燃料噴射系統本身構造相當簡單，整個燃料噴射系統實際上只有油門線、圓盤狀的蝴蝶

首先利用測量空氣流量的裝置來測量進氣量，接著再噴射出相對應比例的汽油量。這種噴射手法是汽車以及初期噴射摩托車車款所採用的燃料噴射技術，但這種方式的缺點是會讓空氣流量計成為車輛進氣的阻礙。

速度密度的方式主要是讓進氣負壓跟吸入空氣量達到差不多比例的一種做法，首先藉由車輛的壓力感知器檢測出可以符合空氣負壓的汽油量並且之後將混合好的燃料噴射出去。雖然說這樣的方式會讓油門操作跟負壓的變化產生一些操作上的延遲，不過近年來所生產的汽車多半使用這種方式。

噴射汽油的燃料噴嘴

噴油嘴會受到來自燃料幫浦的輸送壓力，針閥被彈簧頂著呈關閉的狀態，因此是不會噴射汽油的。車輛的行車電腦會對這個裝置輸送信號，並且利用由電磁石所驅動的電磁閥來打開針閥，針閥一打開，汽油就會噴射而出。油氣的濃淡是藉由噴嘴打開的時間來控制的（噴嘴打開的比較久就表示油氣較濃，反之就比較淡）。相較於化油器利用引擎負壓的方式來吸收汽油的方式，燃料噴射系統則是依靠幫浦將汽油用「推」的方式擠出去，兩種裝置的做法相當不一樣。

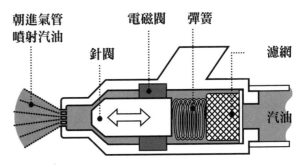

朝進氣管
噴射汽油

針閥

電磁閥

彈簧

濾網

汽油

閥以調整進排氣的進氣量，油氣將會有燃料噴射系統噴射出去。

有個重點就是燃料噴射系統的基本構造跟化油器是不一樣的，並不是靠著引擎的負壓將汽油吸出，而是藉著汽油幫浦的壓力來將燃料噴射出去。油氣噴射量的控制方式請詳見 Case 2，這樣就可以瞭解燃料噴射系統中的油氣的製作其實並不是靠引擎的負壓而產生的。

例如引擎處於接近空轉的低轉速域中，就算突然大手油門，燃料噴射系統所噴出的油氣也不會太濃太淡或是造成燃燒效率的下降。而且如同 Case 3 所

進化的燃料噴射科技
利用電控裝置管理油門的開度

現行的燃料噴射裝置不只是控制油氣的濃淡而已，還得隨時監控引擎進氣量以及引擎轉速等各式各樣狀況後對車輛進行控制。特別是對於車輛運動性能特別要求的超級跑車現在已經將古老的藉由鋼索來控制蝴蝶閥的方式拋棄，全面採用線傳飛控的方式作為油門管理的主流工具。雖然線傳飛控的裝置無法真正讓油門操控跟蝴蝶閥的動作進行聯動，但卻是種兼顧了性能跟操控性的好方法。`

伺服油門的方式

伺服油門會藉由伺服馬達的方式來管理引擎的轉速域以及油門的開度等等，並且同時還要修正適當的進氣量，這樣的設計相當類似可改變負壓的化油器。

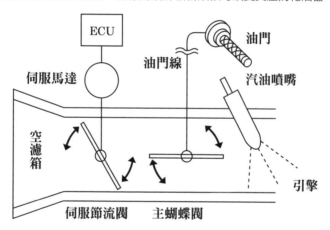

ECU

伺服馬達

空濾箱

伺服節流閥　　　主蝴蝶閥

油門線

油門

汽油噴嘴

引擎

解說的，最新型的運動跑車的燃料噴射裝置都是採用伺服油門或是線傳飛控的方式來進行油門的控制，ECU已經不只是感測引擎轉速而已了，像是進氣量、引擎溫度（空氣的充填率等等易燃物所造成的影響（感應未燃燒完全的排氣量）、排氣量的感知器（感應未燃燒完全的排氣量）等等數據都是ECU的感測範圍，這麼做也是為了找出最佳燃燒狀態，除此之外，ECU同時還要依據汽油噴射量的狀況去控制節流閥本體上的蝴蝶閥。

其實粗略一點講，最新型的燃料噴射系統就是一種可改變負壓的化油器。除了可以修正騎士不適當的油門操作外，

線傳飛控方式

　　油門會配備一組油門開度感知器，油門的開度會由 ECU 以電子信號來發送，ECU 會決定所有所收集到的情報以決定最適合的油門開度，之後再將油門開度的信號送達伺服馬達後，蝴蝶閥就會開啟了。

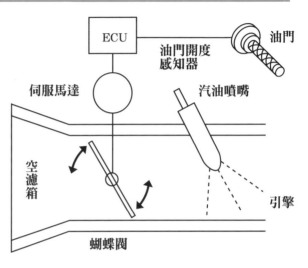

ECU

油門開度感知器

油門

伺服馬達

汽油噴嘴

空濾箱

引擎

蝴蝶閥

照片是 DUCATI 1199 Panigale 的節流閥本體，這個裝置主要驅動著蝴蝶閥閥門以及伺服馬達。歐美超跑車多半使用這樣的設計

照片是 ZRX1200DAEG 採用伺服節流閥方式的節流閥本體，日本車只要是中排氣量或是大排氣量且重視運動性能的車款都會採用這樣的設計

大手油門反而讓
引擎反應平順

　　但是如此線性又反應敏銳的表現，有的時候還是會覺得擁有了最新燃料噴射技術的車子依舊不是很好操控，其實這是因為操控油門的時候採一點一點慢慢開的關係，特別是出彎的時候這樣操控油門反而會讓這樣操控油門反而速加過頭的情況產生。反而是大手油門的

還可以改變負壓讓騎士的油門操作達到毫無延遲的境界。隨著燃料噴射科技的進步，漸漸地就會產生出「油門的操控也許就不需要技術了」的想法。

讓線傳飛控的操控方式
得以實現的先進電控裝置

騎士的騎乘跟節流閥之間其實存在著一個 ECU 幫忙進行管理的作業,像這樣全新的科技讓原本的不可能化為可能,像是只要輕輕按個按鈕就可以改變引擎的動力輸出特性之外,還可以一併改變油門的反應。其實不只是 ECU,像是 EBU(引擎煞車管理電腦)或是循跡力控制裝置等等都是 ECU 控制的範圍,並不侷限於引擎點火或是燃料噴射的部分,甚至靠著伺服馬達,ECU 還可以控制油門。

配備有線傳飛控裝置的車款基本上只有一條從油門座裏面延伸出來的訊號線,主要用來傳輸油門訊號給 ECU,所以其實是不存在任何機械控制的元件的

另外從低轉速開啟

大排氣量雙缸車款
還是要多加注意

做法可以讓車輛的再加速的過程中可以讓燃料噴射量以及油門閥門的開啟趨於平順,也能夠感覺到平穩地加速。而且最新款的超跑多半配備由引擎馬力輸出可選模組以及循跡控制裝置等電控設施(車子一旦改為燃料噴射裝置後就可以裝這些配備)。騎車時只要選擇循跡控制介入度比較高的模式就可以避免嚇人的加速力道以及因為馬力太強大讓人感到害怕的後輪打滑問題,令人無後顧之憂。

082

改裝時常常可以聽到的「伺服電腦」是什麼意思？

改裝排氣管或是改裝引擎時常常會聽到一句話就是，改裝之後油氣比例會改變，所以假如車子用的是化油器的話還得一併改裝化油器內部有關汽油流通或是空氣流通的零件。相較之下噴射車款要是不更改 ECU 指定的燃料量的話，車子是沒辦法展開設定作業的。所以增減 ECU 指定燃料量的伺服電腦就相當必要了。

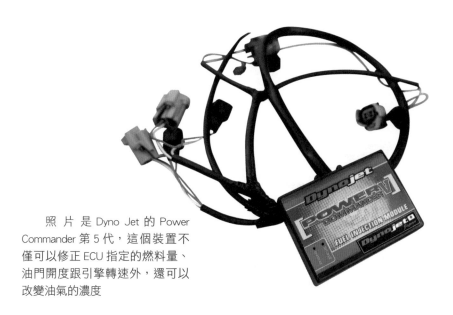

照片是 Dyno Jet 的 Power Commander 第 5 代，這個裝置不僅可以修正 ECU 指定的燃料量、油門開度跟引擎轉速外，還可以改變油氣的濃度

油門的時候，假如是四缸引擎車款的話，那麼一剛開始可能感覺不到有什麼不一樣（主要是差在循跡力的產生方式），但要每缸缸徑都比四缸車要來的大的雙缸車的話（例如 DUCATI），就算是噴射車款，騎乘時也還是要注意引擎真正所需要的油氣量，一開始催油門時只要輕輕一催就可以感受到輪胎抓住地面的感覺，但只要油門下的再重一點，在過彎的時候就可以感覺到強烈的循跡力。所以說騎乘噴射車款操控油門的時候雖然不需要像操控化油器般的技巧，但也還是需要注意的。

Riding
Technic &
Technology

[騎乘技巧＆科技]

Vol.11

過彎感到困難
原因其實隱藏在
道路設計結構！？

很多人會因為「不擅長左彎」或是
「過彎取線跟騎乘節奏搭配不起來」等原因
而開始懷疑自己的騎乘技巧、甚至是愛車的性能
但其實道路的結構也是一個相當值得探討的問題點！

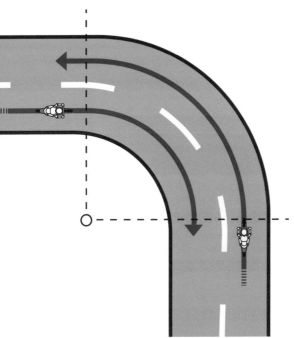

Case 1

同一個彎道，不同的走向
兩者呈現出來的過彎距離跟
過彎半徑都不一樣

相信一定有人感覺得到即便是同一個彎道，走向不一樣時所呈現出來的困難點也不一樣，雖然表面上只是左彎跟右彎的差別，但事實上同樣的彎道，左彎時的過彎距離比右彎長，若是還有上下坡的話，那就又更複雜了，所以在討論一個彎道兩個不同行進方向時的難度是不能相提並論的。通常其實在討論到某個彎道時，只會單純地講同一個方向，並且單純地提到哪個彎道比較拿手或是不拿手而已，所以要想在這個部分有所進步，那麼首先要做的是將兩個不同方向的彎道視為完全不同的彎道，這是成功攻略彎道的第一步。

道路的結構
也會影響操控性

操控技巧跟騎乘動作是提升摩托車的騎乘技巧的必要條件，另外相信大家也很清楚摩托車過彎的方式與原理的重要性，這些都是騎乘摩托車不可或缺的部分，但是不少人卻對於「道路的構造」會大幅影響過彎結果這件事情不甚清楚，甚至是會錯意。

最經典的例子就是左彎跟右彎的差別，很多騎士都認為自己「只有左彎拿手，右彎騎得相當憋腳」，這也代表著大多數人的軸心腳為「左腳」，所以左彎時會比較有安心感，也就

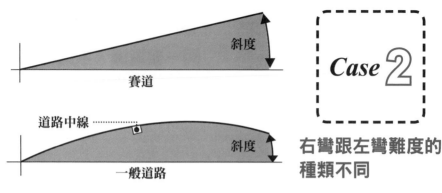

斜度

賽道

道路中線

斜度

一般道路

右彎跟左彎難度的種類不同

一般道路的左彎多為反向斜度

　　跟專業賽道比較起來，一般道路的斜度要淺的許多，有的路段甚至連斜度都沒有，假如從路面橫切面圖來看的話，左彎的斜度多為反向斜度，這也是感覺左彎難搞的主要原因。

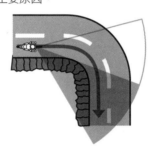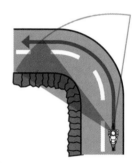

盲彎的時候左彎比較容易看見前方路況

　　處理左彎的時候，由於騎乘在整個道路的外側，所以比右彎更容易看到前方的路況；但是通常在過右彎的時候，由於有對向車道作為緩衝（事實上對向車道是不能作為緩衝的），所以不易察覺右彎視線狹隘的事實，請各位特別注意別被蠱惑了。

同一個彎道左右彎的構造不同

　　首先，如同 Case 二一樣，在同樣一個彎道的狀況下，右彎的過彎距離較短，也就是說彎道的半徑比較小，過彎所需的時間也比較短，也讓騎士在過彎時比較有信心；相較之下左彎由於過彎距離較長，難度自然跟着提高。再加上左彎多半是

是把左右彎的過彎表現歸咎於身體的結構上，但事實上道路的設計在先天方面是比較有利於進行右彎的，而且再加上有些路段的設計方式的確也有利於右彎的進行。

驚人的傾斜度
右向髮夾彎的過彎內側
存有極大的高低差而相當危險

　　在斜度差距甚大的右向髮夾彎的過彎內側存有極大的高低差因此相當危險，上坡時假如過彎取線太內側會產生失速的狀況，下坡則存在著前輪內切的危險。另外在這樣的路段過彎時，即便過彎傾角不用太大，腳踏也會很容易地接觸地面，所以過彎時切記別太靠過彎內側。

Column

弧形道路設計所產生的各式各樣的困難點

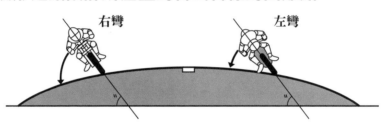

右彎　　　　　　　　左彎

　　一般道路由於將排水性能考量進去的關係，所以就道路橫切面圖來看其實道路是呈現一個弧形的樣子，也因此在水平面上來看，即便同樣傾角的狀態下，

左彎的過彎傾角其實是比較深的，右彎的過彎傾角反而比較淺，兩者的過彎強度自然就產生差異了。還有 Case 2 也有提到就是右彎多為反向坡度，道路中線跟道

路外側的傾角狀況完全不一樣，所以騎乘的時候建議依照騎乘取線的不同，時時刻刻要注意彎中車身跟路面的傾角變化。

　　懸崖，相較之下右彎的對向只是車道而已，所以在精神面來講，進行右彎時的壓力相對比較少。不過要是就過彎緩衝區的面向來講，左彎跟右彎其實是沒有差別的（假如有對向車在對向車道的話，其實左彎也一樣沒有緩衝區域的），這一點請務必謹記於心。

　　此外一般道路的彎道的坡度也比較少，再加上道路多採用弧形設計，所以左彎多為順向坡度，這也是讓人覺得左彎難搞的主因。也許看到這裏不少人會認為是右彎好處理，但假如拿同樣問題去問老鳥車手的話，通常會得到左彎比較有趣的答案。

預測盲彎曲率的祕技

預測彎道曲率的基本技巧就是在進入彎道之前注視着正前方的彎道護欄跟路緣石的角度，假如角度高於120度的話就表示前方彎道不會太刁鑽（不過遇到需要大傾角過彎的複合彎道就要比較小心），假如低於120度的話，前方彎道就很有可能是個刁鑽的彎道。另外假如前方有個彎道廣角鏡的話，其實鏡面的擺設角度也是個參考點，如圖所示，假如前方是個曲率不高的彎道，那麼廣角鏡的擺設角度就會比較前面，鏡面角度也會比較面向彎道的深處，但假如前方是個刁鑽彎道的話，那麼廣角鏡的擺設角度就會比較遠，而且鏡面的角度也會比較正對著騎士，總之道路的各處都可以獲得預測前方路況的資料。

彎道廣角鏡

彎道廣角鏡

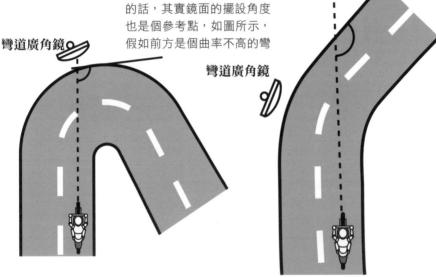

左彎比較容易看到對向路況

會有這樣的結果主要是因為在盲彎較多的路面騎乘的時候，左彎比較容易看到道對向道路的路況，這點除了對於過彎取線還有騎乘動作的組合來說是很重要的情報之外，騎士在心情上也備覺安心；另外在處理較大坡度的右彎，過彎內側的高低差通常會顯得相當的極端，這樣不單只是會遮蔽視線之外，這個條件也限制了過彎取線的規劃跟過彎傾角的設定，讓騎士在攻略上覺得困難不少，就這幾點而言左彎是相對比較輕鬆的。

山路過彎請遵守
「外、內、內」的守則

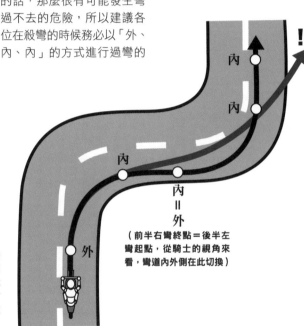

過彎基本守則雖然說是「外、內、外」，但這是指處理單一彎道的情況下，實際上的狀況很有可能是連續的左右彎道，假如就這樣繼續以外、內、外的方式進彎的話，那麼很有可能發生彎過不去的危險，所以建議各位在殺彎的時候務必以「外、內、內」的方式進行過彎的組合（雖說是內，但基本上還是以道路中間為準）。請各位捨棄掉沒有把道路吃滿就沒有過彎的感覺的想法，保留一點殺彎所不可或缺的心態。

內

內

內

內
＝
外

（前半右彎終點＝後半左彎起點，從騎士的視角來看，彎道內外側在此切換）

外

!!

要使用外、內、外（灰線部分）過彎取線時，假如碰到下一個彎道就很有可能彎不過去。假如第二個彎道採用外、內、內的方式過彎的話，第一彎道就算碰到右彎的彎道，將車輛的行車路線改到出彎時的外側車道也比較簡單

公路騎乘時有安全的取線方式

另外提到處理左彎時節奏被破壞的這件事情而言，其實會有騎乘節奏被破壞是因為不管哪個彎道都用「外、內、外」的方式去處理所導致的。雖然「外、內、外」確實是過彎的基本起手式，可是卻是在賽道上使用，主要用在彎道與彎道間隔較短或是左右彎交互的情況下，Case 4 所提出的「外、內、內」的過彎取線反而還比較安全（「外、內、內」的內側其實是指中間），「外、內、內」的過彎取線假如用在處理連續兩個右彎的情況下，出彎是還

Case 4

※ 本 Case 內外側指的是彎道內側和外側，非內外車道之意

刁鑽彎道的路寬
其實反而較寬廣 !?

通常大家都認為車道的寬度都是一定的，不過事實上髮夾彎等刁鑽的彎道的道路寬度的中央部位而其實幅員都滿寬廣的，其實這樣的道路設計主要是為了內輪差較大的巴士或是有可能彎不過去的大卡車而這樣設計的，也因為這樣的設計即便髮夾彎的進彎點設定在彎道的深處，彎道處理起來仍然覺得道路頗為寬廣。左向的髮夾彎特別讓感到不安的騎士沿着道路中線騎乘，但是這樣的騎乘方式很容易讓自己深陷遭遇到對向來車的危險狀況。總之建議各位過彎時儘量讓過彎取線保持在道路外側會讓自己在過彎時比較不會感受到壓力。

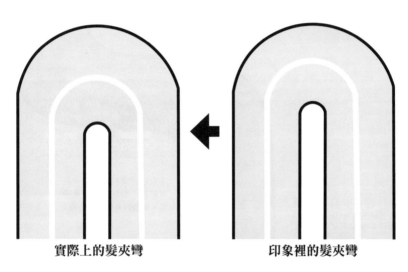

實際上的髮夾彎　　　　　　印象裡的髮夾彎

了解道路結構
增加騎乘樂趣

就算知道接下來的彎道是個彎道曲率較大的彎道，也請務必不要太過小心，也別害怕。

事實上如同 Case 5 所提到的，髮夾彎的道路有時就是發生意外的主因。

一般道路時也就不用太拘泥「外、內、外」的過彎取線，刻意在公路上模仿賽道的操駕方式針對賽道的設計而找出最快的過彎路線，由於一般道路跟賽道的先天差異，建議大家在處理

可以修正過彎的外側取線。另外講到賽道，通常大家在騎乘的時候會

090

Case ⑥

道路中線的長度
可讓騎士掌握距離感

　　道路中線的長度跟間隔通常會如同下圖一樣進行鋪設,這樣的設計可讓騎士掌握當下的距離感,例如就安全的制動距離來講(察覺危險之後,將車子煞停的距離),將車速換算成公尺長度(時速 40 公里換成 40 公尺)的情況下,一般道路以時速 40 公路行駛時,從彎道開始處的 4 條白線前開始按下煞車的話,無論何種狀況一定可以將車子停下(將車子停下),雖然這樣的數據僅供參考,但對於過彎時的緩衝空間抓取以及組合過彎節奏方面還是有一定程度的幫助。

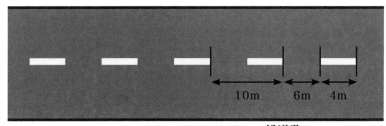

一般道路

　　中央路段附近的幅員寬廣,所以在處理髮夾彎的時候只要過彎取線不要太內側,過彎過到中後段都會發現到道路可用空間還蠻寬廣的,老鳥車手大都會活用彎道中央的寬廣道路空間來進行 Ｃ形迴轉(使用彎道迴轉空間來進行 Ｃ形迴轉要比直線路段中迴轉要來的簡單,不過請特別注意前後的交通狀況,也不要在盲彎的中心進型迴轉,很容易發生意外,另外在進行迴轉時也請避開坡度較陡的地方)。其實對於道路結構有些瞭解,也有助於提升騎乘的樂趣以及安全。

Riding Technic & Technology

[騎乘技巧＆科技]

Vol.12
何謂重視操控性的
煞車制動技巧？

扣煞車時明明就沒使多大力，
卻常常發生點頭效應或減速過頭的狀況
似乎無論怎麼操作煞車拉桿，
實際效果與自己想像的老是相去甚遠
只要能夠隨心所欲地操控煞車的話
相信一定能更加提升騎士在騎乘操控的效率與能力！

即使拉桿施力固定
煞車效力也還是會變化

操作煞車後車速會降低,這是必然的物理現象,而除了車速降低外,車體與騎士的慣性力也會隨之趨減,因此就算碟盤與來令片間因摩擦而產生的煞車效力自始自終都保持定值,制動力也還是會逐漸提升。更何況在實際的狀況下,煞車制動力仍然會隨著碟盤發熱而漸次提升,因此此個煞車過程中,制動力的效果是以等比級數的方式在增加的,這就是為何騎士會有「後半段的制動力突然變得強勁」的感覺,而增加了騎乘操控性的難度。

制動力會因為煞車碟盤與來令片間的溫度而增加

當碟盤的溫度還在冷卻狀態時,其實是無法完全發揮煞車效果的,在實際作動煞車後,煞車制動力的效果必須要在碟盤與來令片之間摩擦生熱到某個階段後,才會完全顯現出來。不過物極必反,這邊要注意的是,過高的溫度反而會使制動力下降(詳細分析可參考 73 頁的專欄解說)。

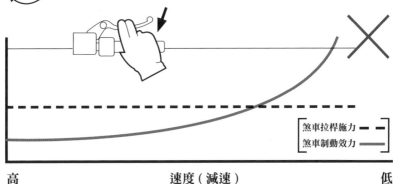

| 煞車拉桿施力 | - - - |
| 煞車制動效力 | —— |

高　　　　　　　　速度(減速)　　　　　　　　低

拉桿的操控方式
影響極深

現今的運動型摩托車都配備有功能強大的煞車系統,相信已經沒有騎士會對制動力有任何的不滿,儘管如此,卻還是有很多騎士對於煞車制動操作感到沒有十足的把握,這真是不可思議。若要分析為何大家會對煞車操控感到不安,想必一定有人會說「不喜歡點效應的感覺」,而且很怕一旦加大制動力道前輪會因此鎖死」,亦或是「不知為何每次進入彎道前才發現車速降的太低」等之類的狀況,從這些徵候看來,相較於煞車制動力,反倒是問題都出

緩緩提升制動力道
會導致後期制動力急遽增強

　　一旦對煞車操作感到沒有自信，往往容易陷入有如試探般地緩緩追加煞車制動力的習慣，不過這樣子操作煞車，制動初期（減速初期）所產生的制動力不僅極為微弱，而且到了速度降低後的制動末期，煞車制動力道反而會比維持一定煞車拉桿操作的 Case 1 更加往上暴衝，明明只是試探性質的煞車，搞到最後卻產生極大的制動力道，這只會讓騎士對自己的煞車操控技巧產生更多問號而已。

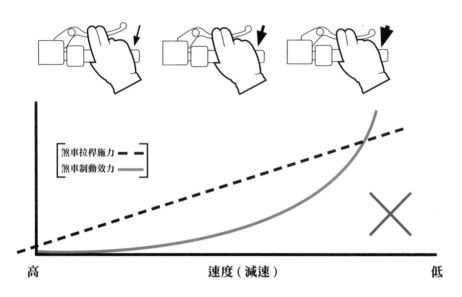

煞車拉桿施力 ━ ━

煞車制動效力 ━━━

高　　　　　　　　速度（減速）　　　　　　　　低

　　在操控難度上面。

　　因此這一次編輯部就來針對煞車拉桿的操作的效能與實際煞車制動力的效能，嘗試進行彼此關聯性的研究吧。首先就如同 Case 1 所述，煞車拉桿的施力與煞車效力不成比例，其實不限於摩托車，無論是什麼交通工具，只要操作煞車，在速度逐漸下降的同時，相對減速力也會逐漸提高，再加上煞車碟盤也會因來令片的摩擦產生熱，使得制動力隨之增強（附帶一提，鼓煞在結構上儘管輸入一定的力度，也可藉由煞車閘瓦吃入煞車鼓內來達到逐漸增強煞車制動力的效果。同樣的，碟煞也會因為機件發熱

094

初期強力扣動再慢慢放開微調
可有效控制煞車制動力

開始減速初期由於車速仍高（意即煞車制動力效果尚弱），騎士應先強力拉動煞車拉桿，儘量在初期階段讓制動力迅速升高。接著緩緩鬆開原本緊拉煞車拉桿的手（並非完全放掉），藉以平衡掉因速度降低以及碟盤發熱所提升的制動性能，此時訣竅在於如何讓實際煞車效力維持在固定水準，如此一來減速反作用力及車體姿勢都不致於產生急遽變化，可獲得效率高又穩定的煞車制動控制效果。

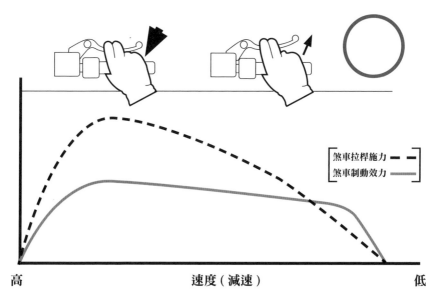

煞車拉桿施力 — —
煞車制動效力 ———

高　　　　　　　　　速度（減速）　　　　　　　　　低

而提升若干煞車制動力道），因此才會讓減速中的摩托車以等比級數的方式提升制動力，所以煞車拉桿即使全程保持在固定操作區間，也難以讓車身維持在固定的減速程度。

因此如果想要提升煞車系統的控制性能，必須依照 Case 2 的做法，在煞車操控初始時先以較大力氣制動，然後再以緩放調節的方式操作。這樣說好像很抽象難懂，但實際上這種操作方式是在十字路口停等紅綠燈的時候，每個人都會操作的內容，在駕訓班實車訓練時就已經操作過了，如果騎士保持一定的制動力度不變，最後一定會有如

煞車拉桿操作與「點頭效應」之間的密切關聯

左頁的圖為「初期強力扣動後再慢慢放開微調」原則的拉桿操作，這種操控方式可藉由初期強大的制動力度讓前叉受到荷重以及減速反作用力的平衡下，迅速收縮行程到適當位置以達到平衡，讓收縮行程量即使到制動末期都不致有太大變化，

因此車體不會有過度點頭的傾向。相較之下，右圖為「緩緩追加制動力度」的變化圖，自降速中期到末期之間，煞車制動力突然向上猛升，進而使行程一口氣收縮，這種收縮的程度已經遠超過適當行程收縮量，當然會導致騎士面臨點頭效應的問題。

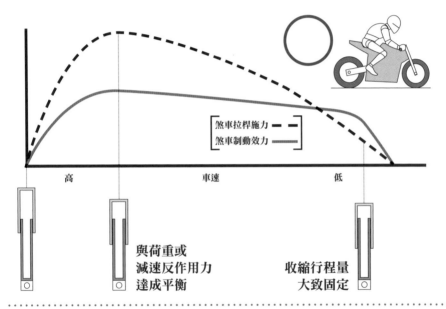

煞車拉桿施力 ----
煞車制動效力 ———

高　　　　　　車速　　　　　　低

與荷重或
減速反作用力
達成平衡

收縮行程量
大致固定

撞牆般緊煞制動到停，其實手感是一模一樣的。

但如果是在山道騎乘時準備入彎前的煞車制動操作，就必須如同 Case 2 下半段一般，很容易變得有如探尋般緩緩強化操作力度，雖然不至於像是停等紅綠燈一樣最後必須降速到停，但明明在煞車拉桿的操作與煞車制動力效果之間的關係是相同的，可能是敗在速度幅度較高，或者也可能是因為接下來要處理彎道壓車，這些來自騎乘以及路況的緊張感都容易導致騎士因緊張而不斷加大制動力道的處理。

騎士如果都像這樣操作煞車拉桿，結果就會像

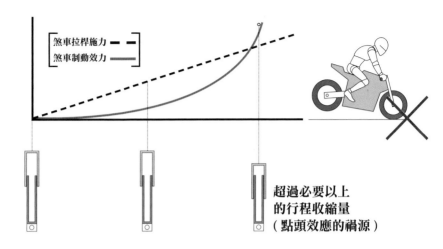

煞車拉桿施力 ━ ━
煞車制動效力 ━━━

超過必要以上
的行程收縮量
（點頭效應的禍源）

Column

明明輕巧地扣動煞車
為何還是免不了「點頭」的問題？

　　即使騎士只用小力拉動煞車，但只要是用「緩緩增強」的煞法，到最後制動末期絕對都會落到煞車制動力急遽上升的結果，的確煞車制動力越弱，前叉的行程收縮量會比較少，但由於行程的動作較為激動，因此會讓騎士在體感起來感覺點頭的效果更強，總結來說，煞車操控的方式要比制動力道的強弱更能影響點頭效應的程度。

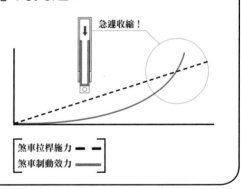

急遽收縮！

煞車拉桿施力 ━ ━
煞車制動效力 ━━━

Case 1 曲線圖那樣，在後半段時減速制動力突然大增，讓操控性更加惡化。

　　其他像是煞車制動效果中最易讓人產生心理障礙的點頭效應，也是由於煞車拉桿操作不當所致，在 Case 3 中已經針對煞車拉桿操作與前部前叉行程變化之間的關係進行說明，請大家試著比較一下〇（剛開始力度大、後續緩緩調），以及×（緩緩加大力度）兩者之間的不同。

　　無論是哪一種拉桿操作，只要有煞車制動力，前叉下沉是理所當然的物理現象。過左邊〇的拉桿操作方式，可讓前叉在制動操作初期時就

以緩緩追加制動力道的方式
竟然會弱化了過彎性能!?

摩托車車身在與減速反作用力和負重相互平衡後，產生最適前叉收縮量之時，正式最適合過彎的拖曳距量以及前叉後傾角，但是如果騎士是採用「緩緩追加制動力度」的方式煞車的話，就會造成前叉過度收縮，導致產生點頭的問題，此狀況不僅會增加騎士的心理壓力，同時又因為剛好已到彎道入口處，心慌之下騎士很容易下意識放開煞車，這樣一來前叉瞬間伸展開來，使得拖曳距量以及前叉後傾角角度離開最適當的領域，攻彎性能當然也就因此弱化。

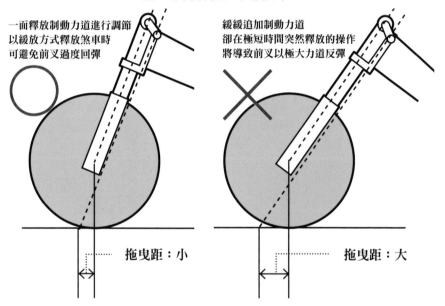

一面釋放制動力道進行調節
以緩放方式釋放煞車時
可避免前叉過度回彈

拖曳距：小

緩緩追加制動力道
卻在極短時間突然釋放的操作
將導致前叉以極大力道反彈

拖曳距：大

收縮行程到適當位置（雖然不敢說完全沒有點頭效應的問題，但可讓車速快車身又穩，不致讓騎士產生多餘的心理障礙），即使到了制動末期行程的收縮量都不會有太大變化。相較之下，×的拉桿操作方式不僅會導致車速降低，制動末期車體速度也會不足（在進入彎道口處），同時前叉行程的收縮程度遠超過適當位置，這些因素都會加強車體前趨力道。另外，即使制動初期緩緩帶出微弱煞車制動力，但只要在制動力本身不斷提升的前提下，到了制動末期還是無法避免前叉急遽收縮的命運，騎士仍然會感受到強烈

煞車系統最具代表性的問題

　　如果騎士在下坡路段一直操作煞車制動減速，將導致煞車碟盤與來令片異常高溫，可能導致下述問題發生而使煞車失去制動效果，近年來採用燒結法所製造的來令片比較不會出現這種因高溫所產生的煞車失效問題，不過由於碟煞油的劣化是導致「制動氣阻」（vapor lock）產生的主因，因此一定要記得定期更換碟煞油。

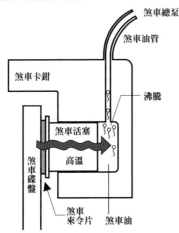

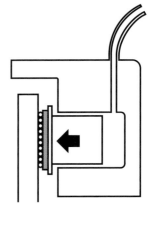

制動氣阻

　　因煞車碟盤或來令片在制動時所產生的高溫，使得煞車油受熱沸騰而產生氣泡，這些氣泡會導致從主汽缸所傳導出來的油壓無法正確傳遞到煞車卡鉗

煞車失效

　　當來令片溫度過高時，會使得來令片表面附著的磨耗材質因此蒸發，使得來令片與煞車碟盤之間出現有如蒸氣一般的霧狀噴出，同時降低了煞車制動性

的點頭效應不快感。

　　總而言之，唯有「制動初期加強施壓、後續緩調」的方式才能真正提高騎士的操控性，希望大家都能夠牢記這招是預防煞車制動時點頭效應的最基本操作，編輯部並非獎勵大家操作全力煞車，但是強力操作煞車確實是騎士必備技巧之一。

　　但或許有人會想說：「就是因為有心理障礙才不敢在制動初期強力煞車啊！」，可能有同樣問題的人還不在少數，那麼下一回編輯部將針對如何消除「制動初期強力煞車」的心理不安，來跟大家一起腦力激盪。

Riding
Technic &
Technology

[騎乘技巧＆科技]

Vol.13
增加自信
操控愛車的
煞車操控術

「一開始用力，緩緩釋放煞車的同時調整煞車的力道」
這個可算是煞車的基本技巧
但是通常大家都會因為害怕「一開始用力煞車」
而對煞車感到害怕
要想解決這樣的矛盾與不安
那就對自己的操控抱持着信心吧！

車速越快越能穩定減速

Case 1

當減速開始的時候，想當然爾當時的車速一定不會慢到哪裏去的，這也說明了高速狀態下的車輛的穩定性跟直行性相當不錯，煞車的時候，輪胎跟地面的抓地力也相對強大，讓車輛不容易出現輪胎鎖死的狀況，相較之下當車輛處於低速的環境下時，由於車輛的行車穩定性較低，輪胎的轉速自然也就比較弱，進而導致前輪的陀螺效應相對貧乏，讓輪胎容易產生打滑的現象，也會讓龍頭比較容易發生左右鎖死的情況，所以要想大手煞車的話，建議在高速狀態下進行會比較安全。

車身跟操控性的
穩定性、直進性

大

車身跟操控性的
穩定性、直進性

小

快速　　　速度　　　緩慢

前輪的陀螺效應
和路面的抓地力

大

前輪的陀螺效應
和路面的抓地力

小

高速狀態下煞車 車身反而比較穩定

在上一次的教學中，我們向各位介紹了有效提升煞車性能的方法，也就是首先要大手煞車，接着在釋放煞車的同時針對煞車的強度進行調整。但其實不少騎士對於一開始就要「大手煞車」的觀念卻步，這次的教學就是要消除各位對「一開始就要大手煞車」的恐懼。

首先在扣下煞車的同時也代表著各位是處於高速狀態下，但是相較於煞車尾段的低速狀態時的車身跟前輪的穩定性、抓地力等等表現，事實上高速時車子反而比較不容易發生輪

想預防點頭現象可以先踩後煞車

現在的車款大都配備有制動力驚人的煞車卡鉗，也因為這樣的趨勢讓不少騎士在騎乘的時候「不太愛用後煞車」，但事實上這幾年來的後煞車改良的重點不在於加強後煞車的力道，而是將後煞車當作一個調節行車動態的道具，也因為這樣的一個演變，當剎車時先踩下後煞車的話，就可以達到抑制車頭點頭的目的，另外後煞車還具有消除鏈條遊隙，增加循跡力的功用，無論是老鳥車手還是職業車手都相當愛用的好工具。

前煞

後煞

先煞後煞車有助於穩定車身

當踩下後煞車的時候，後避震器（包含搖臂）會受到壓力而開始將車尾周邊的部分往路面擠壓，在這個狀態下按下前煞車，就可以感受到點頭的現象受到有效的抑制。

胎鎖死或是摔車等等的意外。

「要是慢慢地增強煞車的話，那麼在起步煞車動作的後段時前輪的抓地力不是會比較強嗎？」，相信會有讀者抱持著這樣的想法，不過事實上路面跟輪胎的抓地力並不會呈現等比級數地升高，而是一旦超越某個臨界點時，輪胎就會鎖死，就算當下輪胎沒有鎖死，前輪的陀螺效應也會跟著減弱，這麼一來就很有可能發生龍頭突然內切的可能性。

所以說大家最好還是抱持者高速狀態下煞車比較穩定的觀念，並且將「一開始煞車就要大手煞車」的觀念作為

只用前煞車
點頭不費吹灰之力

　　車輛的負重會隨著減速 G 力跟慣性力往前輪移動，這樣一來後輪的接地力就會大幅減弱，由於後避震器的回彈，車頭的點頭現象會更進一步加強。其實只要改變煞車手法跟坐墊負重移動技巧就可以將點頭問題做一定程度的抑制。

前煞

後煞

前煞

後煞

先前煞再後煞只是讓後輪更容易鎖死

　　先按前煞，在點頭的狀態下再去踩後煞車是絕對要避免的，因為在這樣的狀態下踩後煞車的話，由於車身後半部的負重已經被移轉，所以這時踩下後煞車後輪是很容易鎖死的。

配合後煞車使用
讓煞車更加平穩

　　所謂煞車自信操控的定心丸，也就是 Case 2 的後煞車，操控時多下點功夫就可以有效減緩煞車時的點頭現象，當然這是指後煞車技巧已經練到一定程度的情況下，假如煞車的時候還是覺得車頭點頭的問題會困擾自己的話，那麼相信對於「一開始大手煞車」還是心存恐懼的。

　　要想提升煞車的效益，那麼在按下前煞車之前先踩後煞車是一個不錯的辦法，假使還不

騎乘時的定心丸是很重要的。

分三階段操縱前煞車的行程

要想讓煞車的操控更為明確的話，首先必須要把煞車拉桿的行程位置以及煞車的效力關係完全瞭然於胸才行，然後按照下圖的三個行程明確地進行操作，特別是1的拉桿遊隙，在煞車開始之前就要必須要稍微拉一下拉桿以便消除煞車拉桿的間隙，這個動作相當重要，動作1~3的操控流程要是連續不間斷的話，動作2跟3在實際操作起來就會變的模糊不清，而且心中會一直對「一開始大手煞車」的煞車拉桿操控抱持著心理壓力。

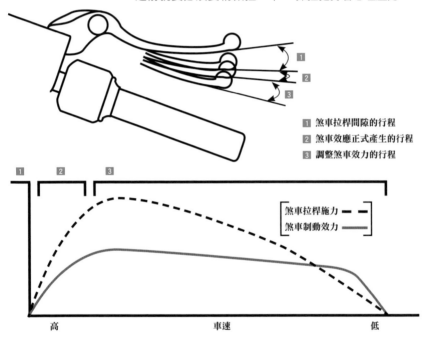

1 煞車拉桿間隙的行程
2 煞車效應正式產生的行程
3 調整煞車效力的行程

煞車拉桿施力 ---
煞車制動效力 ——

高　　　　　車速　　　　　低

習慣這個技巧的話，只要在按下前剎車之前踩下後煞車就OK了。踩下後煞車時，由於車子的後避震器會下沉，所以會給予騎士安定的感覺，在這樣的狀態下再去按前煞車的話就可以更進一步減緩煞車時的點頭現象。當然就算習慣「一開始大手煞車」的技巧，基本上先踩後煞車的動作是不變的。但是有個動作請各位千萬避免的就是先按前煞車，再去踩後煞的動作，就算是操控性能驚人的運動跑車，只要照著先前煞再後煞的操控程序，車子的後輪照樣會鎖住。

接下來要介紹的是一開始用力扣動前煞

104

方便調整煞車效力的直推式總泵

　　直推式煞車總泵從支撐點到施力點的距離遠比橫推式煞車總泵要來得長
（A'＞A），支撐點到煞車作用點的距離則較短（B'＜B），這樣的設計也
代表了直推式總泵的拉桿比要比橫推式煞車總泵要來的大，就算總泵的活塞
直徑較大，也一樣可以用比較少的力氣去扣動煞車拉桿，而且這樣的設計還
可以讓拉桿行程做的比較長，按壓拉桿的出力也比較容易調節。

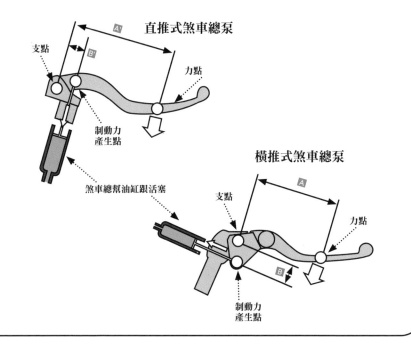

支點　B'　A'　直推式煞車總泵　力點

制動力產生點

煞車總幫油缸跟活塞

橫推式煞車總泵　支點　A　力點　B

制動力產生點

車，然後一邊釋放煞車拉桿的同時調整煞車力道的做法，也就是Case 3的技巧。假如可以確實瞭解到前煞車拉桿行程的狀況的話，那麼就可以將一的拉桿遊隙給有效消除掉。不過假如是一口氣將前煞車拉桿扣到底的話，那麼就會被前煞車拉桿的真正作動位置給迷惑（大約是2~3的區域），而且還無法對煞車拉桿進行細膩的「加壓、釋放」的操控手法。要想將前煞車拉桿的位置更加清晰一些的話，可以利用拉桿的調節器，將煞車拉桿遠一點，握把的時候改以小指頭跟無名指為主，這樣一來除了可以讓煞車拉桿的回饋更為

Case 4

幫助運動操駕的
前後輪連動煞車系統以及 ABS

假如你還以為 ABS（煞車防鎖死系統）以及前後輪煞車連動系統只是個「RV 取向」的裝備的話，那你真的該升級一下家裡的 56k 撥接網路了。現在的電控裝置已經進化到無論是誰都可做到煞車煞到底，或是進一步幫助車手進行運動操駕的地步了，而且只要你有兩把刷子，還可以做到煞車滑胎的地步。安全性在現在不過是電控制動裝置的入場券，現在的電控制動系統還得肩負彌補騎士的騎乘技巧以及提升賽道上圈速的重大責任，已經是個運動操駕中所不可或缺的重要裝置了。

電控式統合 ABS

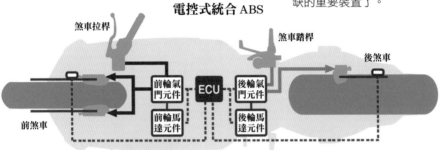

煞車拉桿

煞車踏桿

後煞車

前輪氣門元件　ECU　後輪氣門元件

前輪馬達元件　後輪馬達元件

前煞車

運動型 A B S	ABS Set-Up	作動
	1	· 只有前輪作動 · 不檢測後輪的抬升程度
	2	· 針對前後輪作動 · 後輪的抬升感測敏感度普通
	3	· 前後輪 ABS 介入程度最大

清晰，還有助於煞車拉桿的操作。

另外值得一提的就是，市售的改裝煞車拉桿也頗受歡迎，像是「直推總泵」就有助於拉大 2～3 的煞車操控區，這樣的設計不僅讓騎士有更多的力氣去按壓煞車拉桿，還有助於提升釋放煞車拉桿時的掌控度，這樣的廠車趨勢也說明了近年來的趨勢也超跑多半都會配備這個裝置。

近年來有關煞車的電控裝置進步突飛猛進，像是 HONDA 的電控式統合 ABS 裝置就可以自動調配最適合前後輪的煞車力道，有助減緩車頭點頭問題的產生。

HONDA CBR600RR

前煞車拉桿或是後煞車踏桿的操控都會跟 ABS 系統進行連動，另外行車電腦還會分析騎士對煞車拉桿的出力力道、輪圈轉數以及車輛的減速率等數據，同時藉由燃料幫浦來針對這些數據產生相對應的油壓，這樣一來還可以進一步地讓油門的「線傳飛控」裝置跟 ABS 進行連動，任何人都可以安全又隨心所欲地操控強大的煞車。

DUCATI 1199 PANIGALE

1199 的 ABS 並非單純地防止輪胎鎖死，而是種相當先進的可以只介入前煞車，也可以調節介入程度的 ABS 系統，這套系統先進到甚至可以做到動力滑胎或是更具攻擊性的騎乘。基本上這套 ABS 系統是會隨者騎乘的模式進行連動的，另外也可以依照騎士的喜好進行不同騎乘模式跟煞車介入程度的搭配。

就算科技進步 依舊是人在騎車

說到這裡還是要呼籲各位，其實並沒有「因為科技進步，所以騎車就可以拋棄技巧」的這種簡單的事情，事實上無論是多麼優異的電控裝置，也只不過是個輔助車手的裝置罷了，基本的操控是不變的，希望各位能夠瞭解自己所擁有的這些裝置的設計出發點只是為了減低操駕風險以及幫助車手提升騎乘技巧的一種道具，日後在操控車輛的時候也可以更有自信並且可以將煞車技巧學到爐火純青。

誰都能輕易上手
大型重機
騎乘道場

Chapter1 繞錐練習

講師　**下浦紀世人**

在 Rainbow 浜名湖交通教育
中心擔當指導工作。並於日
本指導教練全國大會中連續
奪下 05 及 06 年的二輪車
／四輪車總和冠軍。堪稱是
Honda 教練群的代表人物。

小幅度過彎 Lesson 1

當上半身朝向欲轉動的方向時……

操控把手將很自然的做出切角!

對於繞錐練習等低速迴轉而言,基本動作就是將上半身朝向欲轉動的方向。這時如果視線也朝內側移動,手臂會產生更多的空間,把手很自然地就可以做出切角,實現小幅度過彎。

想像有一根棒子從肚臍延伸出來時應該就能輕易理解。也就是當肚臍朝欲轉動的方向時,很自然地從腰部開始,整個上半身將會跟著扭轉,而使車體做出更輕巧的過彎動作。

將肚臍朝向欲轉動的方向

你的上半身
沒有向外跑掉嗎？

繞錐練習的基本姿勢為內側同傾。所以基本上在過彎時，上半身請不要移到外側，不過也應避免過度的內傾。像下圖X的場合，由於上半身向外移時，手部將會壓住把手的內側，而造成無法順利過彎的情況。

放掉手腕力量之後，如果沒有確實做出夾膝動作，那麼上半身的不安定感反而會令身體無法放鬆。這部份首先就以較大的彎道來練習。

視線要看向正前方

視線要放在前方兩個三角錐的位置，並依車體的前進依序移動。同時頭部應該避免因車體的加減速而產生晃動的情形，並儘量保持於正中央才是理想的狀態。

要細心進行油門的操作

在進行油門的操作時，動作要非常柔順，並於開合之間進行調節。催動油門時要先找出把手遊隙的角度，因為毫無章法的操作也就是車體動作不順的最大元兇。

手腕記得要放鬆

進行把手操作時其實並不需要使用腕力，所以為了不妨礙把手進行左右自然的切換動作，這時候就只需要輕輕觸碰把手就可以了。至於手臂的基本動作就是加速時收攏，減速時延伸。

確實的做出夾膝動作

為了讓上半身及手腕能夠放鬆，就必須確實地以夾膝動作固定身體。只要夾膝動作做的確實，那麼將會增加與車體的一體感受，展現出更為靈敏的切換動作。

藉由後部煞車進行速度的調整

如果你已經可以適應以加減速來進行切換時的節奏，下一步不妨試著以後部煞車來進行速度上的調整。基本的做法就是在傾斜車體時，輕輕地制動後部煞車。

以前輪來通過三角錐的正中央
就是最佳的路線位置

以一定的節奏
描繪出正確路徑！

閉合油門　　　　　　　　**後部煞車**

而當前輪抵達下一個三角錐的旁邊時，就得閉合油門並開始傾斜車體。如果太慢將車體回正，將會膨漲操作的路線，應多加留意。

在油門閉合後，應將車體朝三角錐位置切入。此時如果速度過快，可用後部煞車來進行調整。

催動油門

當前輪通過三角錐的中間位置時，就必須開始進行加速。基本上這時候應先取得油門把手的間隙開度，以進行圓滑順暢的操作。

要提早進行車體方向的變化

由於摩托車是處於移動的狀態，所以騎士就要常時對後續的路線進行判斷，以利操作。尤其是當速度越高時，反應的動作就必須越早。感覺就像是當經過三角錐的旁邊時，車體就必需已經開始向內傾斜。

回油的速度太慢了喔！

方向沒變卻來個大轉彎

如果催油的時機過早時，車體將會向外側移出。所以要記得需在前輪的方向改變後，才去進行催油的動作。不過要是操作反應太慢，也會導致車體的外傾。

閉合油門後
等待一個拍子的時間

當通過三角錐的旁邊後到車體傾斜為止，大約需等待一個拍子的時間。這時候應放掉手腕的力量，以防止在操控把手進行動作切換時造成妨礙。

當前輪通過
三角錐的中間時

當車體開始往三角錐切入且方向完全改變後，就可以開始催動油門。同時在前輪通過三角錐的中間時，應配合加速拱起手臂並使上半身前傾。

感覺就像
是這樣！

平穩且循序漸進地催動油門

催動油門時應平穩並循序漸進慢慢進行。這時候除了穩健的加速之外，也應開始回正車體，並往下一個目標前進。

肚臍應朝向欲轉動之方向

車體再次通過三角錐的旁邊。這時候應閉合油門，並等待操控把手自然的切換動作，此時可以確認一下肚臍是否確實朝向欲轉動之方向。

掌握遊隙的開度圓滑地催動油門

在催動油門時，應事先掌握遊隙的開度，並圓滑地進行操作。此外，由於加速過猛將會導致後輪的滑動，所以需多加留意。

偏置三角錐反應迴避

從三角錐的外側切入才是最佳的路線位置

穿越三角錐時的路線,原則上就是「大進小出」。這是為了在起身時,能夠儘早將車體回正以便取得正確的車體加速。而在進入彎道時,就得開始釋放煞車,並傾斜車體。

加速

減速

適當的配合加減速
順暢的進行閃避!

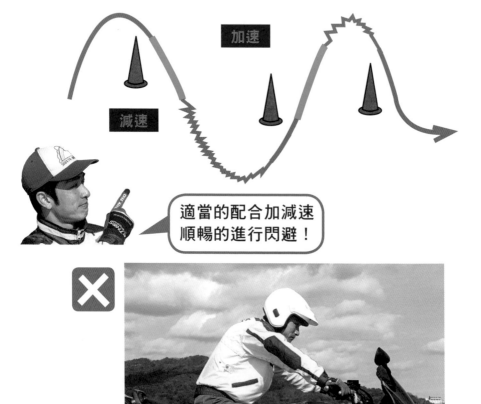

偶爾有騎士在加減速時會過度的張開手肘,由於這樣的動作將會導致肩膀的施力過當,而影響車體操控,所以須多加留意。

加速

在姿勢上必須有適當的張弛

在加速時身體應該前傾，避免向後仰翻。減速時則挺起上半身，避免過度的前傾。因為偶爾會有騎士發生與上述完全相反的情況，所以須多加留意。

減速

騎車要留意小心喔！

將車體一邊回正一邊進行加速

從三角錐旁切入並待車體的方向改變之後，就可以將車體回正開始進行加速。如果因為焦急而太早加速，將會容易膨漲原有的路線。

以夾膝動作
配合前後煞車進行減速

使用前後煞車確實的進行減速。這時候應將上半身挺起、腰部後移並做出夾膝動作，同時也須避免身體的前移，主要的減速也將於此階段結束。

從直線段的後半開始
就可以確實的開始加速

配合車體的加速開始前傾上半身。這時候油門操控的前半段是為了回正車體，後半段則是為了車體加速。所以當車體進入到直線段的後半時，就可以開始提升速度。

從三角錐旁小幅過彎 並將車身回正

在起身時，可利用後部煞車來抑制動能輸出。在進入三角錐時，應從外側大幅度切入，相反的在起身時，應從三角錐旁小幅度穿過之後將車身回正。

放掉手腕的力量 讓把手自然切換

雖然這時候應該一邊釋放煞車並一邊傾斜車體，不過如果速度還是過高，則可輕輕的制動後部煞車以進行速度的調節。此時也應該完全放掉手腕的力量，讓把手自然的做出切換動作。

Point

只要保持意識於肚臍所面對的方向，就可以非常順暢地過彎。這在平常的街道騎乘應該也相當有效，所以下次在十字路口轉彎時，也會再試試看。

由於中村先生已經可以掌握加減速的節奏了，所以只要再加強視線切換上的動作，並隨時保持意識乘坐於座椅後部就沒有什麼問題了。

誰都能輕易上手

大型重機

騎乘道場

Chapter2
騎乘姿勢&加減速

講師　**下浦紀世人**

在 Rainbow 浜名湖交通教育中心擔當指導工作。並於日本指導教練全國大會中連續奪下 05 及 06 年的二輪車／四輪車總和冠軍。堪稱是 Honda 教練群的代表人物。

騎乘姿勢 Lesson 1

首先在基本姿勢
從 7 個重點來進行確認！

當膝蓋靠往
內側時……

很自然地就可
完成夾膝動作

把腳尖向內靠並微微蹲下之後即可發現，膝蓋將很自然夾緊，進而完成夾膝的動作。相反的，當腳尖張開時，膝蓋也會呈現開合的現象。為了能夠讓夾膝動作成為習慣，平時在騎乘時就要稍微注意一下。

當緊張時,騎士通常都會發生漸漸前傾的現象。這時候的背如果是直挺的狀態且上半身過度出力,那麼將會容易產生疲勞,同時也因為無法做出自然的操作而產生危險。因此,請隨時注意姿勢是否有走樣。

基本上不論什麼地方
都不可過度使力
要將身體放鬆來駕馭車體

 以稍微下斜的角度來握手把

以稍微下斜的角度輕輕握住手把。如果從上往下握住把手,將無法做出纖細的油門操控。特別是像圖中「X」的錯誤示範,手腕過度上揚有可能造成爆衝的危險。

腳 腳尖方向
必須直直向前

膝蓋 以膝蓋與大腿
輕輕夾住油箱

首先先將腳底板置於腳踏上,原則上這時候腳尖雖然是向前的,但是請以稍微內傾的感覺來進行。如果腳踝因為過於彎曲而不舒服,那麼也可以自行調整腳踏的位置。

腦海中必須隨時記著須以膝蓋及大腿輕輕夾住油箱。過度夾緊時將會導致上半身使力過多,降低車體過彎的轉向性能。記得煞車時夾膝力道要稍微加強。

腰

乘坐於手腕
可以搆到把手的位置

雖然乘坐位置將因個人的體格而有所改變,不過重點就是以能夠自由控制把手的位置為基準。一旦將把手切向外側,如果此時手依然能夠碰到手把,就是最理想的位置。

放鬆身體
讓肩膀自然下垂 **肩膀**

在緊張時會拱起肩膀的人非常多。這時候請做一次深呼吸,放鬆肩膀。由於這種拱肩的情形在騎乘時肩膀會變僵硬的人身上也非常多見,所以也須特別留意。

手肘

感覺就像是
抱著一個大汽球

以萬歲的手勢緩緩放下雙手，感覺就像是抱著汽球般將雙手伸向操控把手。如果是前傾式樣的車款，則是以這個狀態稍微傾斜上半身來進行調整。

眼睛

將視線置於
更廣更遠的地方

就基本姿勢而言，視線是非常重要的。雖然隨著車體的駕馭，而漸漸將視線置於較近距離的人非常多。不過基本上，視線應該置於更廣更遠才是正確的位置。就距離而言，大概是以三秒後所將抵達的位置為準。不過請記得，車速越高，視線就必須越遠。

煞車 2 Lesson

將手指扣於拉柄上

開始進行煞車時,先確實將油門把手閉合,再將手指延伸扣住煞車拉柄同時制動前後煞車。拉柄的位置也非常重要。最佳的位置大約是在中指與食指的第一關節處。

從小指開始制動拉桿

開始煞車時大約是感覺到拉桿的遊隙後輕輕扣住拉桿,然後將手指包覆拉桿,往自己的方向拉回。依據手掌大小與拉桿形狀有所不同,不過感覺上就像是從小指開始連貫的動作。

並非握住而是拉回

開始煞車、前叉管下沉並確認輪胎確實與地面接觸之後,再繼續增強煞車的力道。如果這時候是以握住的方式來煞車,則有可能在前輪鎖死時無法順利解除,須多加留意。

大拇指根部制動煞車

制動後煞車時,並非用力踏下踏板,而是以大拇指的根部來緩緩作動。試著將腳底板置於腳踏上,使用腳踝來實際操作看看。

像以脊髓骨來壓住座椅般

強力制動煞車時,上半身往往都會前傾。此時除了夾膝之外,也要以像用脊髓骨來壓住座椅般確實將體重落在座椅上。同時加上腹肌與背肌的力量支撐上半身。

像扭轉門把般
輕輕地握住油門把手

就要像扭轉門把般斜斜地握住它,基本上以小指為中心輕輕地握住油門加速。

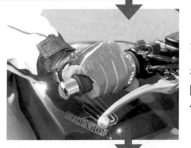

找出油門把手的遊隙

在催動油門前,必須先找到油門把手的遊隙,並在確認傳動鏈條張力的感覺下來緩緩催動油門。

漸漸加強催油的力道

配合車速的提升並漸漸加強力道。如果瞬間以過大力量來催動油門,會造成車體動作不順。

上半身稍微前傾
同時保持餘裕空間

加速時必須以不妨礙油門把手的操作為前提,保持懷中的餘裕空間。也就是重心往後,盡量不去改變腰部的角度來進行前傾。如果像是「×」般,背部直挺且腰部上浮的話,將會導致身體平衡的喪失。

2018 MOTOR CYCLE SHOW

全台最大年度重車祭典！

即將登場

2018國際重型機車展

7/27 (五) ▶ **7/29** (日)

RIDER ✕ Motor World

加入粉絲專頁，掌握最新資訊！！
活動洽詢專線 02-2703-6108 #228
官方臉書粉絲專頁 https://goo.gl/2RtO8N

- 掌握 2018 全球最新車款
- 隨時查閱詳細二輪資訊
- 車界、車友必備工具書！

米蘭車展・科隆車展
全球大廠新車款全面收錄

2018
全球最新車款

416頁特厚版!! 近880台

元月中旬
NT248
正式上架

'18 BIKE CATALOGUE
'18 摩托車年鑑

BIKE CATALOGUE
2018 摩托車年鑑

880台世界全新市售車款 81大廠全收錄

YAMAHA NIKEN
DUCATI PANIGALE V4
KYMCO REVONEX/UNO S 400
KAWASAKI H2SE
KTM 790 DUKE
HONDA CB1000R
BMW C400X
YAMAHA MT3-SF
INDIAN BOBBER
SUZUKI SV650X
DUCATI SCRAMBLER 1100
MV AGUSTA RV8
HARLEY DAVIDSON SPORT GLIDE
SYM MAXSYM-TL
SUZUKI GSX-R150
TRIUMPH TIGER 1200XR
HONDA Gold Wing
Kawasaki Z900RS
KYMCO CV8
VESPA Elettrica
YAMAHA XMAX
KYMCO RACING150/8F
AEON ELITE200S

NTD:248

華人地區 首屈一指！

國外販售地區：香港、澳門、大陸、新加坡、馬來西亞皆有販售

訂閱專線：02-2703-6108#230

劃撥帳號：07818424

摩托車雜誌社 台北市延吉街 233 巷 3 號 4F

全國唯一五大超商系列同步上架！

全國各大連鎖書局誠品、何嘉仁、金石堂、文具書店、書報攤、重車販售點、精品店同步販售！

\ 華文世界最優質重機雜誌 /

Enjoy Your Bike Life

RIDERS CLUB 獨家中文授權

TOP RIDER 流 行 騎 士

名家傳授提升重機騎技
體驗操駕樂趣最強寶典

定價：每本148元
長期訂閱：全年12期
148 X 12 = 1776元
特惠價只要**1480元**

● 全球紅黃牌重機最新資訊
● 國際名車手專業騎乘教學
● 歐美日廠第一手新車測試
● 精彩詳盡的展會賽事報導

TOP RIDER 365

發行歷史超過30年的TOP RIDER流行騎士雜誌，自1986年創刊後，即以最豐
富的報導、最多元的內容、最專業的解析，讓您深入解讀重機世界的脈動。

7-ELEVEN、各大連鎖書局、網路書店同步販售！

TOP RIDER
流 行 騎 士

劃撥戶名：流行騎士雜誌社
劃撥帳號：14795073
訂閱專線：(02)2703-6108 #230

更多最新資訊
請鎖定
www.motorworld.com.tw

立即掃描QR Code
進入《流行騎士》Facebook粉絲專頁

\ 千里獨行始於跨下 /

自由自在的
重機騎旅秘笈

定價：350元
作者：流行騎士編輯部／編

TOURING ALONE
一人旅行
Touring Graphics Gallery

TROUBLES
從問卷調查看到的真實情況
行車問題 自白書

一人一騎
與愛車行遍天下的指南書

對獨自一人騎重機出遠門感到既嚮往又不安嗎？讓《重機騎旅秘笈》來為你敞開大道吧！無論是獨自旅遊的行程安排、時間節奏控管的疑慮、道路車況問題的處理、身體疲勞痠痛的消解…各種疑難雜症，本書都能幫助你輕鬆克服！

TOP RIDER
流行騎士　菁華出版社

訂閱辦法
郵政劃撥
銀行電匯

劃撥戶名：菁華出版社　劃撥帳號：11558748
TEL：(02)2703-6108#230 FAX：(02)2701-4807
匯款帳號：(銀行代碼 007) 165-10-065688

\ 頂尖車手現身說法 /

高手過招

重機疑難雜症諮詢室

定價：350元

作者：根本健

前WGP車手傾囊相授
化解所有關於重機的難題

前WGP車手根本健執筆的《高手過招：重機疑難雜症諮詢室》來解答你有關重機的問題！

彙整《流行騎士》2014年到2016年「高手過招」連載內容，分為「機構」、「操駕」、「部品」、「雜學」四大單元，從機械原理、操駕技巧、部品保養、旅遊知識到保健秘訣，完整細膩的解答關於大型重機的所有疑問，幫助你化解難題、快樂享受重機人生！

▶▶ 立即掃描QR CODE ◀◀
進入《流行騎士》Facebook粉絲專頁

 TOP RIDER 流行騎士

\ 騎技提升最佳良伴 /

重機操控
升級計劃

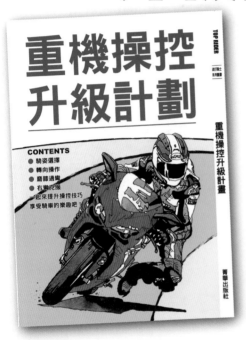

定價：350元
作者：流行騎士編輯部／編

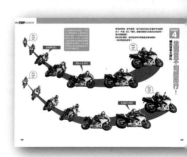

循序提升彎道操控技巧
朝重機達人邁進！

看別人騎大型重機殺彎帥氣無比，
自己騎乘時總覺得哪裡不對勁？
跟著流行騎士系列叢書《重機操控升級計畫》
從騎姿選擇、轉向操作、磨膝過彎到克服右彎
一步步提升操控技巧，享受騎乘的樂趣吧！

TOP RIDER
流行騎士 菁華出版社

訂閱辦法

郵政劃撥　劃撥戶名：菁華出版社　劃撥帳號：11558748
銀行電匯　TEL：(02)2703-6108#230 FAX：(02)2701-4807
　　　　　匯款帳號：(銀行代碼 007) 165-10-065688

\ 開啟重車旅遊之道 /

重車旅遊
樂活指南

定價：380元

作者：流行騎士編輯部／編

快樂出門
平安回家的旅遊規制術

不設限重機之旅的啟程

自由行旅&車隊出遊&
保健知識一冊集結！

某一天，突然非常想要騎上機車出門。有對日常的光景
已感到麻痺，想見識一下不一樣的風景。隨性所至，就
跟著愛車一同駛向遠方吧！親身體驗「不設限」的重機
之旅，跟著自己的GPS前進；掌握重機出遊重點，一路
順暢無窒礙；簡單的飲食運動保健妙招，讓重機人生長
長久久。或許哪一天，自己又將隨性所至，騎著愛車，
朝著未知的方向前進。

▶▶ 立即掃描QR CODE ◀◀
進入《流行騎士》Facebook粉絲專頁

 TOP RIDER 流行騎士

\ 騎乘出遊最實用的一本書 /

重機旅遊
實用技巧

定價：350元

作者：枻出版社Riders Club Mook編輯部

輕鬆學習
重機旅遊操駕的技術精華

只要有摩托車、駕照以及安全帽的話，
任誰都可以享受騎乘的樂趣，
不過光只有這些其實就只是多個交通方式可以選擇罷了。
只要學會簡單又容易上手的「技巧」，
就可以讓旅遊騎乘更加舒適、安全而且樂趣倍增喔！

TOP RIDER 流行騎士　菁華出版社

訂閱辦法　郵政劃撥　銀行電匯

劃撥戶名：菁華出版社　劃撥帳號：11558748
TEL：(02)2703-6108#230　FAX：(02)2701-4807
匯款帳號：(銀行代碼 007) 165-10-065688

流行騎士系列叢書

大人的騎乘學堂
Technic & Technology

編　　者：流行騎士編輯部
文字編輯：倪世峰
美術編輯：林守恩

發 行 人：王淑媚
社　　長：陳又新
出版發行：菁華出版社
地　　址：台北市 106 延吉街 233 巷 3 號 6 樓
電　　話：(02)2703-6108
發 行 部：黃清泰
訂購電話：(02)2703-6108#230
劃撥帳號：11558748

印　　刷：科樂印刷事業股份有限公司
　　　　　(02)2223-5783
http://www.kolor.com.tw/site/

定　　價：新台幣 350 元
版　　次：2018 年 1 月初版
版權所有　翻印必究
ISBN：978-986-96078-0-3
Printed in Taiwan

TOP RIDER
流行騎士系列叢書